Windows IoT 应用开发指南

The Application Developers' Guide to Windows IoT

施炯 梁丰 著
Shi Jiong Liang Feng

清华大学出版社
北京

内 容 简 介

本书全面介绍了 Windows IoT 平台的具体分类、硬件构成、外设资源、功能特点，以及如何基于 Windows IoT 和 Microsoft Azure 设计面向物联网和智能硬件领域的应用程序。本书内容分为三篇共 12 章，分别从基于 Intel Galileo 的 Windows IoT 平台应用开发、基于 Raspberry Pi 2 和 MinnowBoard Max 的 Windows 10 IoT Core 平台应用开发和基于 Microsoft Azure 和 Windows 10 平台的综合应用开发这四个角度进行讲述，其中前两篇注重单个 IoT 终端的应用和实物制作，第三篇在前两篇的基础上，结合 Microsoft Azure 和通用应用（UWP），详细介绍了"云＋端"的 Windows 通用应用开发。

本书循序渐进，图文并茂，从开发环境的搭建、开发工具的配置和使用，到每个应用实例的硬件电路设计、元器件连接、程序设计，以及最终的部署和调试，都给出了详细而准确的说明，每章都配置了相应的动手练习，力求开发者能够在本书的基础上快速开发并搭建结合"云＋端"的行业应用，展现 Windows IoT 和 Microsoft Azure 的神奇魅力。本书设计了大量基于 Windows IoT 的软硬件应用实例，包含了物联网感知、传输、管理和应用四个层次，适合作为高校物联网工程、电子信息工程、通信工程和电气工程及自动化相关专业的高年级选修课教材，也可以作为创客、电子工程师和爱好者进行 Windows IoT 开发和实物制作的参考书籍。

本书封面贴有清华大学出版社防伪标签，无标签者不得销售。
版权所有，侵权必究。侵权举报电话：010-62782989　13701121933

图书在版编目（CIP）数据

Windows IoT 应用开发指南/施炯等著. --北京：清华大学出版社，2016（2016.12重印）
ISBN 978-7-302-42318-8

Ⅰ. ①W… Ⅱ. ①施… Ⅲ. ①Windows 操作系统－应用软件－指南　Ⅳ. ①TP316.7-62

中国版本图书馆 CIP 数据核字(2015)第 287069 号

责任编辑：盛东亮
封面设计：李召韦
责任校对：胡伟民
责任印制：刘海龙

出版发行：清华大学出版社
网　　址：http://www.tup.com.cn, http://www.wqbook.com
地　　址：北京清华大学学研大厦 A 座　　　　邮　编：100084
社 总 机：010-62770175　　　　　　　　　　　邮　购：010-62786544
投稿与读者服务：010-62776969, c-service@tup.tsinghua.edu.cn
质量反馈：010-62772015, zhiliang@tup.tsinghua.edu.cn
课件下载：http://www.tup.com.cn, 010-62795954

印 装 者：北京密云胶印厂
经　　销：全国新华书店
开　　本：186mm×240mm　　印　张：16.75　　字　数：420 千字
版　　次：2016 年 1 月第 1 版　　　　　　　　印　次：2016 年 12 月第 2 次印刷
印　　数：2001～3000
定　　价：59.00 元

产品编号：066685-01

序
FOREWORD

四十不惑　创新不止

从飞鸽传书到指尖沟通,从钻木取火到核能发电,从日行千里到探索太空……曾经遥不可及的梦想如今已经变为现实,有些甚至超出了人们的想象,而所有这一切都离不开科技创新的力量。

对于微软而言,创新是我们的灵魂,是我们矢志不渝的信仰。不断变革的操作系统,日益完善的办公软件,预见未来的领先科技……40 年来,在创新精神的指引下,我们取得了辉煌的成绩,引领了高科技领域的突破性发展。

IT 行业不墨守成规,只尊重创新。过往的成就不能代表未来的成功,我们将继续砥砺前行。如果说,以往诸如个人电脑、平板电脑、手机和可穿戴设备的发明大都是可见的;那么,在我看来,未来的创新和突破将会是无形的。"隐形计算"就是微软的下一个大事件。让计算归于"无形",让技术服务于生活,是微软现在及未来的重要研发方向之一。

当计算来到云端后,便隐于无形,能力却变得更加强大;当机器学习足够先进,人们在尽享科技带来的便利的同时却觉察不到计算过程的存在;当我们只需通过声音、手势就可以与周边环境进行交互,计算机也将从人们的视线中消失。正如著名科幻作家亚瑟·查尔斯·克拉克所说:"真正先进的技术,看上去都与魔法无异。"

技术是通往未来的钥匙,要实现"隐形计算",人工智能技术在这其中起着关键作用。近几年,得益于大数据、云计算、精准算法、深度学习等技术取得的进展,人工智能研究已经发展到现在的感知、甚至认知阶段。未来,要实现真正的人机互动、个性化的情感沟通,计算机视觉、语音识别、自然语言将是人工智能领域进一步发展的突破口及热门的研究方向。

2015 年 7 月发布的 Windows 10 是微软在创新路上写下的完美注脚。作为史上第一个真正意义上跨设备的统一平台,Windows 10 为用户带来了无缝衔接的使用体验,而智能人工助理 Cortana、Windows Hello 生物识别技术的加入,让人机交互进入了一个新层次。Windows 10 也是历史上最好的 Windows,最有中国印记的 Windows,不但有针对中国本土的大量优化,还会有海量的中国应用。Windows 10 是一个具有里程碑意义的跨时代产品,更是微软崇尚创新的具体体现,这种精神渗透在每一个微软员工的血液之中,激励着我们"予力全球每一人、每一组织成就不凡"。

四十不惑的微软对前方的创新之路看得更加清晰，走得也更加坚定。希望这套丛书不仅成为新时代之下微软前行的见证，也能够助中国的开发者一臂之力，共同繁荣我们的生态系统，绽放更多精彩的应用，成就属于自己的不凡。

沈向洋
微软全球执行副总裁

赞誉
REVIEW

业界预测，15年后每个家庭会使用40～50个物联网设备！微软最有价值专家施炯的专著《Windows IoT应用开发指南》非常及时、全面地总结和分析了物联网领域的热门话题。本书既有深度又有广度，既源于理论又关注实践，既根植本土又放眼全球，既覆盖真实场景又分享代码资源，推荐阅读！

——严飞（微软中国开发体验和平台合作事业部首席技术顾问）

近年来，随着物联网、可穿戴设备、智能硬件、工业4.0、"互联网＋"等新概念与新技术的出现，涌现出了大量的创客及创客空间。微软公司继Windows Embedded之后，适时地推出了应用于物联网的Windows 8.1 IoT和Windows 10 IoT。本书基于Windows 10 IoT，从环境搭建到简单的输入/输出实例，再到综合应用工程实例，全面介绍了Windows IoT在x86和ARM两种硬件平台上的应用。本书凝聚了作者多年来在嵌入式、物联网领域的工程实践经验，非常适合作为开源硬件、智能硬件爱好者的参考教材。同时，也可作为电子信息和计算机类专业学生创新实践课程的教材。

——韩德强（北京工业大学计算机学院教师，微软Windows Hardware Engineering MVP）

认识施炯很多年了，知道他从学生时代就热衷于嵌入式领域的研究。作为微软嵌入式方向的MVP，施炯第一时间深入研究了Windows IoT平台。本书由浅入深，比较详细地介绍了基于微软的技术去实现一些常见物联网开发过程，是物联网初学者或者是微软技术爱好者学习物联网开发的不可多得的好书。

——刘洪峰（叶帆科技创始人）

施炯是我所认识的国内最早研究Windows 10 IoT的开发者，他撰写的这本IoT开发教程条理清晰，通俗易懂，非常适合初学者阅读。我最敬佩的是他不仅将这些知识毫无保留地传授给他自己的学生，而且还将最有价值的内容分享给了其他对物联网感兴趣的广大爱好者。

——黄斌（智机网站长）

前言
PREFACE

物物互联的时代已经到来,智能家居、智慧校园、智慧交通、可穿戴、无人机、全息投影、各种各样的新名词、黑科技层出不穷。当我们五年前为能够通过手机控制家电而欣喜若狂的时候,可曾憧憬过使用增强现实设备完成各种不可思议的工业设计,亦或沉浸于精彩绝伦的游戏场景。随着互联网、物联网、计算机等技术的飞速发展,人们的工作和生活方式在不断地被颠覆,出门打车、看电影、吃饭,甚至喝酒代驾都有 App 来帮忙,动动手指就可以完成以前想都不敢想的事情。以上这一切的基础,便是信息的互联互通。物联网(Internet of Things)的目标就是物物互联,所以,从这个角度来看,它的确是非常基础而且重要的一环。

随着 Windows 10 for IoT RTM 的发布,广大智能硬件开发者和社区对此的关注度也越来越高。然而,通过调查发现,国内介绍 Windows IoT 方面的书籍却非常之少。笔者是微软和.NET 技术的爱好者,也是全球首批 Windows Hardware Engineering 方向的 MVP,因此,有机会参与了早期的 Windows Developer Program for IoT 项目和 Windows 10 IoT Core Insider Preview 项目,在此期间就萌发了写一本 Windows IoT 书籍的想法。在近一年的时间里,笔者通过不断地学习来跟踪 Windows IoT 最新的进展,通过持续的动手实践来验证 Windows IoT 的系统特性。本书主要参考了微软 MSDN 关于 IoT 开发的文档,并在此基础上进行了扩展和发挥,结合 Microsoft Azure,展示了"云+端"的综合应用开发。

本书的内容和面向的读者

目前,微软的 Windows IoT 有两个分支:一个是早期的以 Intel Galileo 为平台的 Windows IoT 版本,其内核是 Windows 8.1 Update;另一个是以 Raspberry Pi 2、MinnowBoard Max 和高通 DragonBoard 410c 为平台的 Windows IoT 版本,其内核是 Windows 10 IoT Core。除了操作系统内核不同以外,其开发语言、系统运行模式、面向的市场也大不相同。

如果读者熟悉 Arduino 平台的应用制作与开发,那么,本书第一篇内容相对来说会比较简单,因为 Intel Galileo 是基于英特尔 x86 架构、兼容 Arduino 的产品,在硬件规格、软件编程上有很大的相似性,通过简单的操作,读者可以将面向 Arduino 的各种应用移植到 Intel Galileo 上。

如果读者希望直接了解 Windows 10 for IoT 的技术细节,可以细读本书第二篇内容,而忽略本书第一篇内容。当然,目前在 Visual Studio 中,支持 Windows 10 for IoT 应用开发的语言包括 C♯ 和 C++,因此,希望读者有以上一种或者两种语言基础(书中的实例以 C♯为主)。同时,鉴于第三篇 Windows 综合应用的开发,也希望读者具备一些 XAML 语言设计界面的知识。另外,对于软件开发者来说,理解本书中元器件的连接和硬件工作原理也是比较有挑战性的一件事情。我的建议是:本书中用到的各种元器件淘宝上可以买到,价格也不贵,尽量自己动手实践。当 LED 灯亮了,传感器数据上来了,电机开始转了,蜂鸣器开始叫了,您会为自己每一次的进步激动不已,能力也在不断的摸索中逐渐提升。

有关开发工具升级给项目调试带来的改变

微软在 2015 年 12 月推出 Visual Studio 2015 Update 1 之后,对 Windows 10 IoT Core 调试的认证类型做了更改。具体来说,在 Debugging 选项中,原来的 Authentication Type 为 None,而安装了 Visual Studio 2015 Update 1 之后,需要选择为 Universal(Unencrypted Protocol),如下图所示。

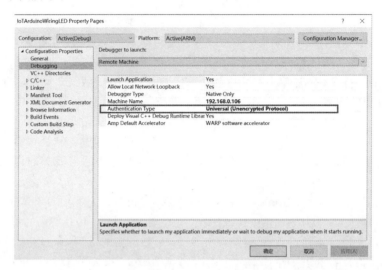

注意:如果还是选择原来的 None,则会出现无法启动调试的情况。

首先要感谢本书的策划者盛东亮先生,他仔细审阅了书稿,提出了修改意见。同时,要感谢微软 MVP 项目组的林思琦女士、紫柔女士,Developer Experience 部门的李婷女士,以及 Windows Hardware Engineering MVP 项目经理 Asobo Mongwa 先生,他们提供了 Windows IoT 的开发板和开发资料,供我制作实例使用。微软(中国)开发体验和平台合作事业部首席技术顾问严飞、北京工业大学计算机学院韩德强老师、叶帆科技创始人刘洪峰先生和智机网站长黄斌先生对本书提出了宝贵的意见和建议,本校研究生程月娇在配套的资源制作过程中付出了辛勤的劳动,在此深表谢意。其次,要感谢养育我、关心我、无私地爱我的父母,以及与我同舟共济、风雨同行的妻子,家永远是我最温暖的港湾和精神寄托。最后,还要感谢阅读本书的您,感谢您愿意将宝贵的时间和精力放在本书的学习上。由于笔者水平有限,书中难免存在疏漏,希望您能够批评指正,您的反馈和建议将是我不断前进的动力。

作者
2016 年 1 月

目 录
CONTENTS

第一篇　基于 Intel Galileo 的 Windows IoT 平台应用开发

第 1 章　初识 Intel Galileo · 3
1.1　Intel Galileo 概述 · 3
1.2　Intel Galileo 的硬件资源 · 4
1.3　Intel Galileo 的固件更新 · 5
1.4　基于 Intel Galileo 的 Windows IoT 开发环境搭建 · 8
　　1.4.1　PC 环境设置 · 8
　　1.4.2　Windows IoT 系统镜像烧写 · 9
　　1.4.3　启动含 Windows IoT 的 Galileo · 11
　　1.4.4　与 Galileo 进行 Telnet 通信 · 12
　　1.4.5　关闭 Galileo · 13
1.5　动手练习 · 13
参考链接 · 13

第 2 章　Intel Galileo 的配置和开发工具 · 14
2.1　使用 Telnet 连接设备 · 14
2.2　命令行汇总 · 15
2.3　使用 Galileo Watcher 操作设备 · 20
2.4　使用 FTP 进行文件传输 · 25
2.5　动手练习 · 28
参考链接 · 28

第 3 章　Intel Galileo 平台例程 · 29
3.1　数字 IO 的输出 · 29
　　3.1.1　实例功能 · 29
　　3.1.2　硬件电路 · 29

3.1.3　程序设计 ………………………………………………………………… 29
　　　3.1.4　部署与调试 ……………………………………………………………… 32
　3.2　数字 IO 的输入 ………………………………………………………………… 34
　　　3.2.1　实例功能 ………………………………………………………………… 34
　　　3.2.2　硬件电路 ………………………………………………………………… 34
　　　3.2.3　程序设计 ………………………………………………………………… 36
　　　3.2.4　部署与调试 ……………………………………………………………… 37
　3.3　模拟 IO 的输入 ………………………………………………………………… 38
　　　3.3.1　实例功能 ………………………………………………………………… 38
　　　3.3.2　硬件电路 ………………………………………………………………… 38
　　　3.3.3　程序设计 ………………………………………………………………… 39
　　　3.3.4　部署与调试 ……………………………………………………………… 40
　3.4　PWM 波的输出 ………………………………………………………………… 41
　　　3.4.1　实例功能 ………………………………………………………………… 41
　　　3.4.2　硬件电路 ………………………………………………………………… 42
　　　3.4.3　程序设计 ………………………………………………………………… 42
　　　3.4.4　部署与调试 ……………………………………………………………… 43
　3.5　串口通信 ………………………………………………………………………… 44
　　　3.5.1　实例功能 ………………………………………………………………… 44
　　　3.5.2　硬件电路 ………………………………………………………………… 44
　　　3.5.3　程序设计 ………………………………………………………………… 46
　　　3.5.4　部署与调试 ……………………………………………………………… 47
　3.6　动手练习 ………………………………………………………………………… 48

第 4 章　Intel Galileo 应用制作 ……………………………………………………… 49

　4.1　PWM 调光灯制作 ……………………………………………………………… 49
　　　4.1.1　实例功能 ………………………………………………………………… 49
　　　4.1.2　硬件电路 ………………………………………………………………… 49
　　　4.1.3　程序设计 ………………………………………………………………… 50
　　　4.1.4　部署与调试 ……………………………………………………………… 52
　4.2　感光灯制作 ……………………………………………………………………… 52
　　　4.2.1　实例功能 ………………………………………………………………… 52
　　　4.2.2　硬件电路 ………………………………………………………………… 53
　　　4.2.3　程序设计 ………………………………………………………………… 54
　　　4.2.4　部署与调试 ……………………………………………………………… 56
　4.3　火焰报警器制作 ………………………………………………………………… 56

4.3.1　实例功能 ……………………………………………………………… 56
　　4.3.2　硬件电路 ……………………………………………………………… 57
　　4.3.3　程序设计 ……………………………………………………………… 58
　　4.3.4　部署与调试 …………………………………………………………… 60
4.4　智能风扇制作 ……………………………………………………………………… 60
　　4.4.1　实例功能 ……………………………………………………………… 60
　　4.4.2　硬件电路 ……………………………………………………………… 61
　　4.4.3　程序设计 ……………………………………………………………… 62
　　4.4.4　部署与调试 …………………………………………………………… 64
4.5　动手练习 …………………………………………………………………………… 65

第二篇　基于 Raspberry Pi 2 和 MinnowBoard Max 的 Windows 10 IoT Core 平台应用开发

第 5 章　初识 Raspberry Pi 2 和 MinnowBoard Max ……………………………… 69

5.1　Raspberry Pi 和 MinnowBoard 简介 …………………………………………… 69
5.2　Raspberry Pi 2 和 MinnowBoard Max 的硬件资源 …………………………… 70
　　5.2.1　Raspberry Pi 2 …………………………………………………………… 70
　　5.2.2　MinnowBoard Max ……………………………………………………… 72
5.3　MinnowBoard Max 的固件更新 ………………………………………………… 75
5.4　Windows 10 IoT Core 开发环境搭建 …………………………………………… 76
　　5.4.1　硬件准备 ……………………………………………………………… 76
　　5.4.2　硬件连接 ……………………………………………………………… 77
　　5.4.3　烧写 Windows 10 IoT Core 镜像文件 ………………………………… 77
5.5　设置 Minnow Board MAX 的 BIOS ……………………………………………… 82
5.6　动手练习 …………………………………………………………………………… 85
参考链接 …………………………………………………………………………………… 85

第 6 章　Windows 10 IoT Core 配置和开发工具 ……………………………………… 86

6.1　设置开发者模式 …………………………………………………………………… 86
6.2　使用 PowerShell 连接并配置设备 ……………………………………………… 88
　　6.2.1　建立 PowerShell 会话 ………………………………………………… 88
　　6.2.2　远程配置 Windows 10 IoT Core 设备 ………………………………… 90
6.3　使用 SSH 连接并配置设备 ……………………………………………………… 91
6.4　命令行 Command Line Utils 汇总 ……………………………………………… 94
6.5　使用 API 移植工具 API Porting Tool …………………………………………… 96

6.6 基于网页的设备管理工具 ··· 98
    6.6.1 连接基于网页的设备管理工具 ································ 98
    6.6.2 顶部工具栏 ·· 99
    6.6.3 侧面工具栏 ·· 100
6.7 设置应用为开机自启动模式 ··· 106
6.8 使用 FTP 工具 ·· 108
    6.8.1 使用 FTP 客户端连接设备 ····································· 109
    6.8.2 停止 FTP 服务 ··· 110
    6.8.3 启动 FTP 服务 ··· 110
    6.8.4 修改 FTP 服务的默认路径 ···································· 110
6.9 使用文件共享服务 ·· 114
    6.9.1 通过文件共享访问设备 ·· 114
    6.9.2 开启/停止文件共享服务 ······································· 115
    6.9.3 设置文件共享服务的开机状态 ······························ 115
6.10 动手练习 ·· 116
参考链接 ·· 116

第 7 章 Windows 10 IoT Core 例程 ··· 117

7.1 创建 HelloWorld 应用 ··· 117
    7.1.1 新建工程 ·· 117
    7.1.2 界面设计 ·· 118
    7.1.3 后台代码 ·· 118
    7.1.4 部署与调试 ·· 118
7.2 创建控制台应用 ·· 121
    7.2.1 新建工程 ·· 121
    7.2.2 程序代码 ·· 121
    7.2.3 部署与调试 ·· 123
7.3 GPIO 的使用一（LED 灯） ·· 125
    7.3.1 实例功能 ·· 125
    7.3.2 硬件电路 ·· 125
    7.3.3 界面设计 ·· 126
    7.3.4 后台代码 ·· 128
    7.3.5 部署与调试 ·· 131
7.4 GPIO 的使用二（按钮） ·· 133
    7.4.1 实例功能 ·· 133
    7.4.2 硬件电路 ·· 133

   7.4.3 界面设计 ……………………………………………………… 135

   7.4.4 后台代码 ……………………………………………………… 136

   7.4.5 部署与调试 …………………………………………………… 138

  7.5 Web Server 应用 …………………………………………………………… 139

   7.5.1 实例功能 ……………………………………………………… 139

   7.5.2 硬件电路 ……………………………………………………… 139

   7.5.3 程序设计 ……………………………………………………… 139

   7.5.4 部署与调试 …………………………………………………… 142

  7.6 I2C 接口通信 ……………………………………………………………… 145

   7.6.1 实例功能 ……………………………………………………… 145

   7.6.2 硬件电路 ……………………………………………………… 145

   7.6.3 程序设计 ……………………………………………………… 148

   7.6.4 部署与调试 …………………………………………………… 152

  7.7 SPI 接口通信 ……………………………………………………………… 154

   7.7.1 实例功能 ……………………………………………………… 154

   7.7.2 硬件电路 ……………………………………………………… 154

   7.7.3 程序设计 ……………………………………………………… 157

   7.7.4 部署与调试 …………………………………………………… 162

  7.8 串口通信 …………………………………………………………………… 163

   7.8.1 实例功能 ……………………………………………………… 163

   7.8.2 硬件电路 ……………………………………………………… 163

   7.8.3 程序设计 ……………………………………………………… 165

   7.8.4 部署与调试 …………………………………………………… 170

  7.9 动手练习 …………………………………………………………………… 173

  参考链接 ………………………………………………………………………… 173

第 8 章 Windows 10 IoT Core 应用之 Node.js 篇 ……………………………… 174

  8.1 Hello World 例程 …………………………………………………………… 174

   8.1.1 环境设置 ……………………………………………………… 174

   8.1.2 工程创建 ……………………………………………………… 175

   8.1.3 程序设计 ……………………………………………………… 175

   8.1.4 部署与调试 …………………………………………………… 176

  8.2 Node Server-GPIO 控制例程 ……………………………………………… 178

   8.2.1 实例功能 ……………………………………………………… 178

   8.2.2 硬件电路 ……………………………………………………… 178

   8.2.3 程序设计 ……………………………………………………… 178

　　　　8.2.4　部署与调试 ………………………………………………………… 179
　　8.3　动手练习 ……………………………………………………………………… 180
　　参考链接 …………………………………………………………………………… 180

第 9 章　Windows 10 IoT Core 应用之 Python 篇 ……………………………… 181
　　9.1　Hello World 例程 …………………………………………………………… 181
　　　　9.1.1　环境设置 …………………………………………………………… 181
　　　　9.1.2　工程创建 …………………………………………………………… 182
　　　　9.1.3　部署与调试 ………………………………………………………… 182
　　9.2　Python 例程 …………………………………………………………………… 184
　　　　9.2.1　实例功能 …………………………………………………………… 184
　　　　9.2.2　硬件电路 …………………………………………………………… 184
　　　　9.2.3　程序设计 …………………………………………………………… 184
　　　　9.2.4　部署与调试 ………………………………………………………… 186
　　9.3　Python Server 例程 …………………………………………………………… 188
　　　　9.3.1　实例功能 …………………………………………………………… 188
　　　　9.3.2　硬件电路 …………………………………………………………… 188
　　　　9.3.3　程序设计 …………………………………………………………… 188
　　　　9.3.4　部署与调试 ………………………………………………………… 190
　　9.4　动手练习 ……………………………………………………………………… 192
　　参考链接 …………………………………………………………………………… 192

第 10 章　Windows 10 IoT Core 应用之蓝牙篇 ………………………………… 193
　　10.1　TI SensorTag 低功耗蓝牙简介 …………………………………………… 193
　　　　10.1.1　低功耗蓝牙技术 …………………………………………………… 193
　　　　10.1.2　TI SensorTag 开发套件 …………………………………………… 194
　　　　10.1.3　Windows 10 IoT Core 的蓝牙支持 ……………………………… 195
　　10.2　Windows 10 IoT Core 蓝牙配对 ………………………………………… 196
　　　　10.2.1　SensorTag 准备工作 ……………………………………………… 196
　　　　10.2.2　Windows 10 IoT Core 蓝牙配对流程 …………………………… 197
　　10.3　基于 Windows 10 IoT Core 的低功耗蓝牙应用开发 …………………… 199
　　　　10.3.1　实例功能 …………………………………………………………… 199
　　　　10.3.2　硬件连接 …………………………………………………………… 199
　　　　10.3.3　程序设计 …………………………………………………………… 199
　　　　10.3.4　部署与调试 ………………………………………………………… 202
　　10.4　动手练习 …………………………………………………………………… 203

参考链接 ·· 203

第三篇 基于 Microsoft Azure 和 Windows 10 平台的综合应用开发

第 11 章 Microsoft Azure 和门户设置 ·· 207

11.1 Microsoft Azure 简介 ··· 207
11.2 Microsoft Azure IoT Suite 组成 ·· 208
11.3 Event Hubs 配置 ·· 209
11.4 Azure Storage 配置 ··· 211
11.5 Stream Analytics 配置 ··· 213
11.5.1 配置 Job Input ·· 214
11.5.2 配置 Job Query ··· 214
11.5.3 配置 Job Output ·· 215
11.6 动手练习 ·· 216
参考链接 ·· 216

第 12 章 综合应用开发 ·· 217

12.1 应用总体概况 ·· 217
12.1.1 功能描述 ··· 217
12.1.2 系统架构 ··· 217
12.1.3 所需资源 ··· 219
12.2 Windows 8.1 IoT 设备端应用开发 ·· 219
12.2.1 实例功能 ··· 219
12.2.2 硬件电路 ··· 219
12.2.3 程序设计 ··· 219
12.2.4 部署与调试 ·· 222
12.3 Windows 10 IoT Core 设备端应用开发 ··· 224
12.3.1 实例功能 ··· 224
12.3.2 硬件电路 ··· 224
12.3.3 程序设计 ··· 224
12.3.4 部署与调试 ·· 229
12.4 Windows 10 for Mobile/ PC 端通用应用开发 ··· 231
12.4.1 实例功能 ··· 231
12.4.2 程序设计 ··· 231
12.4.3 部署与调试 ·· 239
12.5 动手练习 ·· 241

参考链接 ·· 241
附录 A　Windows 10 IoT Core 尚未支持的 Universal API ················ 242
附录 B　Raspberry Pi 2 扩展引脚图 ·· 246
附录 C　MinnowBoard Max 扩展引脚图 ······································ 247
附录 D　Windows 10 IoT Core 设备支持的外设列表 ······················· 248

第一篇　基于Intel Galileo的Windows IoT平台应用开发

目前，微软的Windows IoT有两个分支：一是以Intel Galileo为平台的Windows IoT版本，其内核是Windows 8.1 Update；二是以Raspberry Pi 2和MinnowBoard Max为平台的Windows IoT版本，其内核是Windows 10 IoT Core。除了操作系统内核不同以外，其开发语言、系统运行模式、面向的市场也大不相同。本书第一篇主要面向以Intel Galileo为平台的Windows IoT版本，内容涉及Intel Galileo的硬件资源、开发环境配置和应用开发流程。

本篇包括以下章节：

第1章　初识 Intel Galileo

介绍Intel Galileo平台的发展历史、硬件和接口资源、固件更新和Windows IoT开发环境搭建流程。

第2章　Intel Galileo 的配置和开发工具

介绍用户在开发Intel Galileo应用程序过程中，如何使用多种工具与Intel Galileo平台进行交互，主要包括Telnet、Galileo Watcher和FTP这三种工具的使用，同时也详细罗列了Telnet连接中可以控制Intel Galileo的命令。

第3章　Intel Galileo 平台例程

介绍如何利用Intel Galileo的外设接口资源进行应用开发，主要包括数字IO、模拟IO、PWM波和串口通信。

第4章　Intel Galileo 应用制作

在第2章和第3章的基础上，介绍如何利用Intel Galileo的开发工具和硬件资源进行实物的制作，包括PWM调光灯、感光灯、火焰报警器和智能风扇。

通过本篇的学习和动手实践，读者可以了解以Intel Galileo为平台的Windows IoT版本的内在特性，熟悉其硬件和接口资源的使用，掌握基于Intel Galileo的Windows IoT的应用开发和实物制作。

第 1 章　初识 Intel Galileo

随着物联网产业的飞速发展,微软也提出了公司对于 Windows IoT 的项目计划,最早可以追溯到 2014 年的 Build 大会,Windows Developer Program for IoT 项目开放给了开发者。利用 Intel Galileo 平台,该系统运行于英特尔 Quark SoC X1000 低功耗处理器,并提供 Arduino 兼容的外设接口,可以直接使用大部分开源硬件社区的成果。本章将介绍基于 Intel Galileo 平台的硬件和外设接口资源、固件更新方法以及 Windows IoT 开发环境的搭建。通过本章的学习,可以让读者了解基于 Intel Galileo 平台的 Windows IoT 应用开发,为后续的应用和实物制作打好基础。

1.1　Intel Galileo 概述

Intel Galileo 是基于英特尔 x86 架构、兼容 Arduino 的首款产品[1],由英特尔公司于 2013 年在罗马举办的首届欧洲 Make Faire 上发布。在"大众创业,万众创新"的时代,英特尔专门为开源硬件市场推出专门的硬件,足见其对创客(Maker)和开源硬件领域的重视程度。同时,英特尔专门为 Galileo 系列开发板提供了论坛支持,包括软件和驱动更新[2]、硬件支持[3]、软件支持[4]、问题反馈[5]和应用开发社区[6]。随后,在 2014 年的英特尔信息技术峰会(IDF)上,英特尔推出了 Galileo 的第二代产品——Intel Galileo Gen 2。第二代产品的核心处理器没有变化,主要将供电电压降低至 5 伏,使运行更加稳定。

Intel Galileo 与普通的 Arduino 相比,其优势在于以下三点。第一,从核心处理器来看,Galileo 采用了英特尔 Quark 系统芯片 X1000 [7],这是英特尔 Quark 低功耗、小规格内核产品系列的首款产品。英特尔 Quark 技术扩展了英特尔架构的应用范畴,从传统的 CPU 领域扩展到物联网、可穿戴计算等未来高速发展的领域。Quark 系统芯片 X1000 在爱尔兰设计,是 32 位、单核、单线程、与奔腾指令集架构兼容的 CPU,运行速度可高达 400MHz。而普通的 Arduino 一般采用 8 位单片机作为其处理核心,以目前广泛使用的 UNO R3 为例,其处理器为 ATmega xx 系列,核心频率为 16MHz。第二,从外设和接口来看,Intel Galileo 包含 ACPI、PCI Express、10/100Mb 以太网、SD、USB 2.0 设备及 EHCI/OHCI USB 主机端口、高速 UART、RS-232 串行端口、SPI、I2C、可编程 8MB NOR 闪存,以及可方便调试的 JTAG 端口,与普通的 Arduino 相比,其外设接口更加丰富。第三,Intel Galileo 支持

Linux、Windows 8.1 系统,一方面,创客们可以通过简单的操作来移植 Arduino 的各种应用开发,另一方面,它也是一个和树莓派一样的小型单板微电脑系统,可以实现更多的类似视频处理、机器人相关的高级应用开发,创造出具有商业价值前景的创新应用设计。

1.2 Intel Galileo 的硬件资源

Galileo 至今为止总共推出了两代产品,二代在一代的基础上,降低了供电电压,但是外设和硬件资源基本改变不大,本书以 Galileo 二代的开发板为例,介绍其硬件资源,如图 1-1 所示。

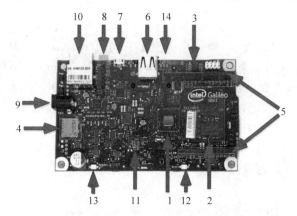

图 1-1　Intel Galileo Gen 2 硬件资源和外设接口图

1. 处理器

Galileo 二代也使用了 Quark 系统芯片 X1000,它是一枚单核、32bit 的 x86 架构的工业级处理器,包含 DDR3 控制器,封装尺寸为 15mm×15mm。

2. RAM

Galileo 二代的处理器本身包含 512 kb 嵌入式 SRAM,还外加两块总计为 256 MB 的 DDR3 芯片。

3. Flash

Galileo 二代包含 8 MB NOR Flash,用于存储与操作系统相关的数据。

4. MicroSD 卡插槽

如果用户需要存储的数据量较大,或者程序较为复杂,甚至需要加载一个操作系统,那么,芯片上的 8 MB Flash 存储肯定不够用。这种情况下,用户可以使用 MicroSD 来满足需求。Galileo 二代允许用户外扩 MicroSD 的容量极限为 32G。本书使用到的 Windows IoT 系统就是烧写在外扩的 MicroSD 卡之上。

5. 符合 Arduino 标准的扩展引脚

Galileo 二代包含符合 Arduino 标准的扩展引脚,并且在 Arduino 的基础上,添加了 I2C 外扩接口。用户可以使用跳线,配合面包板来连接外界电子元器件,另外,也可以直接使用符合 Arduino 标准的 Shield。

6. USB Host 端口

通过该端口，用户可以扩展诸如网络摄像头、鼠标、键盘、USB 存储等外设。

7. USB Client 端口

通过该端口，用户可以将 Galileo 连接到 PC 机的标准 USB 接口，从而实现诸如程序下载、固件升级和数据通信等功能。注意，在连接该 USB Client 端口之前，确保已经给 Galileo 上电，否则容易烧毁板子。

8. 串口和 IOREF 插针

二代 Galileo 与一代 Galileo 相比，在这个串口的设计上有所提高。它采用了 6 针 3.3V USB TTL UART 取代了一代 3.5 毫米插口 RS-232 端口。二代的 6 针连接器与标准 FTDI USB 串口电缆(TTL-232R-3V3)和通用 USB 转串口分接主板耦合，调试更加方便。

默认情况下，Galileo 使用 5V 的逻辑电平模式。但是为了兼容 3.3V 的外设，可以通过 IOREF 插针来改变其电压，将 5V 改为 3.3V。

9. 电源接口

Galileo 通过该接口来获取电源。注意，二代的板子使用 5V 直流电源，与一代有所区别，使用的时候千万不能混用。

10. 以太网接口

通用的 RJ45 以太网接口，使得 Galileo 可以接入有线以太网络，从而和其他主机通信，或者接入因特网。

11. 主板锂电池接口

通过该接口可以外接一枚 3V 的锂电池，使得 Galileo 在失去 5V 供电的情况下，可以保持时钟的运行。

12. Reset 按钮

通过该按钮，可以对用户代码进行复位，同时也给连接扩展引脚的 Arduino Shield 复位，但是其本身运行的 Linux 操作系统不会复位。

13. Reboot 按钮

通过该按钮，可以对整块板子进行复位，包括 Linux 操作系统和用户代码。

14. LED 指示灯

主要包括电源指示灯、MicroSD 卡指示灯、数字引脚 13 状态指示灯和 USB 接口指示灯，使得用户能够通过它们直观地了解 Galileo 的工作状态。

另外，在板子的背面，还包含 Mini PCI Express 插槽和 JTag 插槽。其中，Mini PCI Express 插槽用于外扩集成该接口的 WiFi 模块、蓝牙模块和 GPS 模块等，用于无线连接。JTag 插槽则用于进一步的调试。

1.3 Intel Galileo 的固件更新

Intel 对 Galileo 一代和二代的开发板进行了固件更新，笔者写稿时的固件版本是 1.0.4，用户可以按照参考链接[8]下载其最新的固件更新包。注意，为了运行 Windows IoT，必须对

Galileo 进行固件更新,否则将无法正常加载 Windows IoT 系统。下面以 Windows 系统为例,介绍其固件的更新过程。其他操作系统的升级过程,可以下载参考链接[8]中的 Intel Galileo Firmware Updater User Guide 文档,里面给出了具体的说明。

首先,移除任何连接在 Galileo 上 USB 外设和 SD 卡,关闭电源。然后,参考图 1-2,依次插上 Galileo 的电源(图中的 1 接口)和 MicroUSB(图中的 2 接口),另一端标准 USB 接口连接 PC 机。注意,其次序是先连接 Galileo 的电源,再连接与 PC 相连的 USB 线,而且,在升级过程中,保持电源接口 1 供电持续,否则有可能损坏设备。

图 1-2　Galileo 开发板固件升级硬件连接图

在 PC 机中打开 Device Manager(设备管理器),可以在 Ports(COM&LPT)中找到 Galileo,记住后面的 COM 号,如图 1-3 所示。

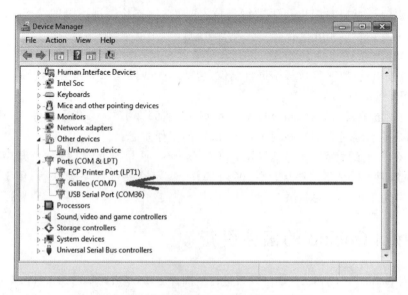

图 1-3　设备管理器中 Galileo 对应的 COM

此时，运行下载的 firmware-updater 1.0.4.exe 软件，在其下拉列表中选择正确的 COM 口。如果硬件连接正确，软件界面上会提示当前的 Galileo 的固件版本号和更新的固件版本号，如图 1-4 所示。

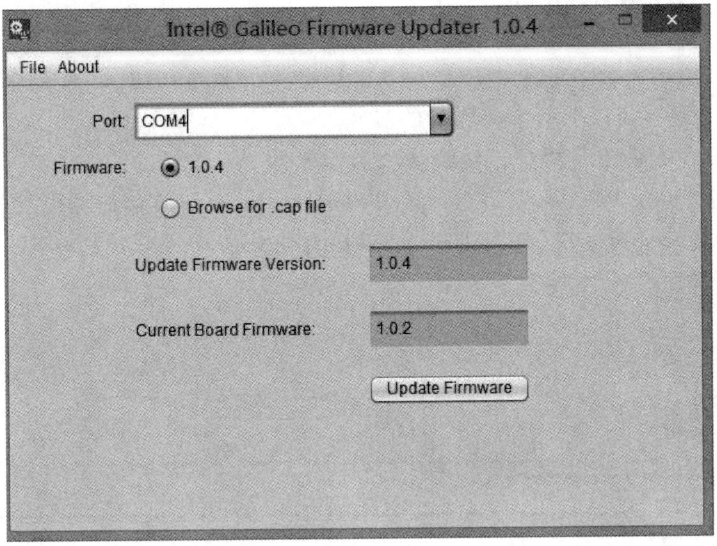

图 1-4　Galileo 固件更新

之后，单击 Update Firmware 按钮，就会开始固件更新。提醒，在升级过程中不要拔掉 Galileo 的电源，也不要干扰与 PC 的 USB 连接，否则会损坏设备，如图 1-5 所示。

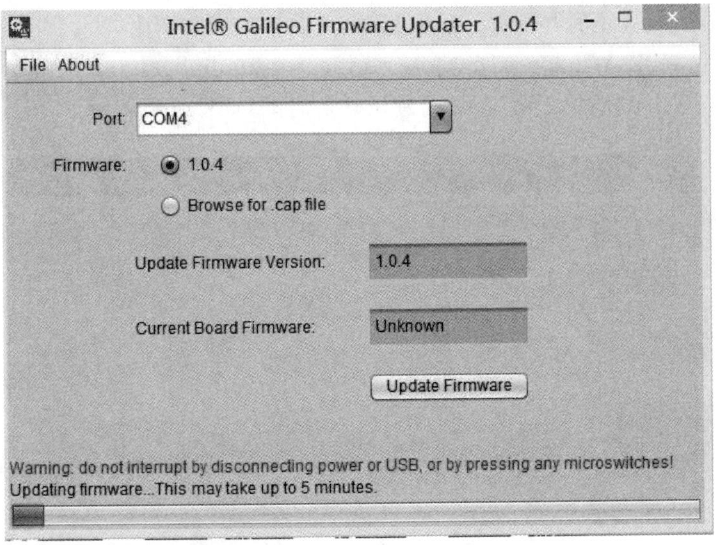

图 1-5　Galileo 固件更新提醒

1.4 基于 Intel Galileo 的 Windows IoT 开发环境搭建

1.4.1 PC 环境设置

推荐的 PC 操作系统最好是 Windows 8.1 Pro 64 位版本，并且已经安装好 Visual Studio 2013 With Update 4 及以上版本。之后的步骤如下。

1. 下载 Windows IoT 操作系统镜像和监控软件

使用 LiveID 登录 Windows Developer Program for IoT，链接地址可参见参考链接[9]。然后下载 Visual Studio 插件：Windows Developer Program for IoT.msi。笔者写稿时，该软件的版本是 2014/11/21，如图 1-6 所示。

2015/3/12	Windows Developer Program For IoT – Windows Image (WIM) Category: Build		**Intel Galileo** - Windows Developer Program For IoT – Windows Image (WIM) New Upload: 9600.16384.x86fre.winblue_rtm_iotbuild.150309-310_galileo_v2.wim
2015/2/5	Windows Developer Program For IoT – apply-bootmedia.cmd Category: Build		Windows Developer Program For IoT – apply-bootmedia.cmd Imaging Script for Windows image New Upload: 02/05/2015 - apply-BootMedia.cmd
2014/11/21	Windows Developer Program for IoT – Microsoft Installer (MSI) Category: Build		**Intel Galileo** - Windows Developer Program for IoT – Microsoft Installer (MSI) New Upload: 11/21 – WindowsDeveloperProgramforIoT.msi
2014/6/24	Windows Developer Program For IOT EULA.docx Category: Document		New Upload: 6/24 - Windows Developer Program For IOT EULA.docx
2014/6/24	Windows Developer Program for IOT Privacy Statement.docx Category: Document		New Upload: 6/24 - Windows Developer Program for IOT Privacy Statement.docx

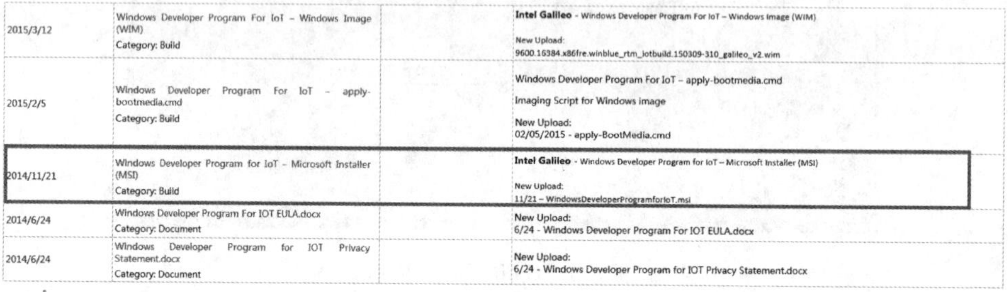

图 1-6 Windows Developer Program for IoT 下载页面

同时，下载页面中的 apply-BootMedia.cmd 和 Windows Image(WIM)这两个文件，为后续的系统烧写做好准备。笔者写稿时，这两个软件的版本分别为 2015/2/5 和 2015/3/12。

下载完成后，安装 Windows Developer Program for IoT.msi，安装完成后，系统增加了一个 Galileo Watcher 软件，其默认设置为开机自启动，如图 1-7 所示。

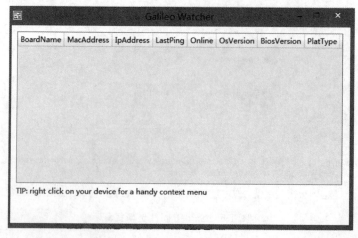

图 1-7 Galileo Watcher 软件

2. 启用 Telnet 客户端

为了 PC 机能够和 Galileo 开发板通信，需要使用 Telnet 的方式进行交互。而操作系统默认情况下没有开启 Telnet 客户端，因此需要手动将其打开。具体操作为：选择"控制面板→程序→启用或关闭 Windows 功能"命令，然后选中"Telnet 客户端"，如图 1-8 所示。

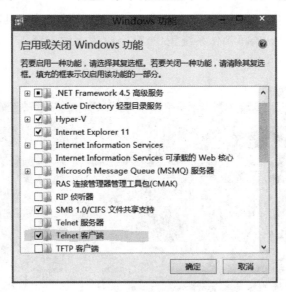

图 1-8　启用 Telnet 客户端

单击"确定"按钮以后，重启 PC。至此，PC 的开发环境设置完成。

1.4.2　Windows IoT 系统镜像烧写

开始系统烧写之前，需要准备一张容量在 8GB 以上 Class 10 级别的 MicroSD 卡，以及一个用于 MicroSD 卡连接 PC 的 USB 模块，接下来就可以进行系统烧写，其步骤如下。

1. 准备文件

根据 1.4.1 节的内容，在 Connect 上下载 apply-BootMedia.cmd 文件，以及 Galileo 板子对应的 Windows 系统镜像文件。需要注意的是，一代 Galileo 和二代 Galileo 的镜像是不一样的，按需下载。

2. 烧写系统

把 MicroSD 卡插入 MicroSD 转 USB 模块，插入 PC 机，把其格式化为 FAT32 格式。使用管理员方式打开命令行工具，在命令行中进入 apply-BootMedia.cmd 文件所在的路径，然后输入如下命令。(注意，该步骤中一定要以管理员方式打开命令行工具。)

```
cd /d %USERPROFILE%\Downloads apply-bootmedia.cmd -destination {YourSDCardDrive} -image {.wimFile downloaded above} -hostname mygalileo -password admin
```

其中，YourSDCardDrive 为 SD 卡的盘符，image 后面添加下载的 Windows IoT 系统镜

像路径。以笔者使用的命令为例:

F:\Software\Develop\WindowsIoT > apply - bootmedia.cmd - destination I: - image 9600.16384. x86fre. winblue _ rtm _ iotbuild. 140925 - 1000 _ galileo _ v2. wim - hostname mygalileo - password admin

注意:如果是在 Windows 7 系统下操作,还需要做本章后参考链接[10]的操作。

接下来,该工具就开始写操作系统镜像,整个过程大约需要 15 分钟左右,需要耐心等待。命令行截屏信息如图 1-9 所示。

图 1-9　Windows IoT 系统烧写

注意：一定要等到"正在应用映像"结束以后，才能够卸载 SD 卡。

1.4.3 启动含 Windows IoT 的 Galileo

将 1.4.2 节中烧写好 Windows IoT 系统的 SD 卡插入到 Galileo 板子的 MicroSD 卡插槽，同时，将 PC 的网口和板子的网口通过网线连接后，给板子上电。其连接如图 1-10 所示。

图 1-10　Galileo 硬件连接图

上电以后，板子的电源指示灯亮起，SD 卡对应的 LED 灯闪烁。启动系统大概需要 2 分钟的时间。启动完毕以后，SD 卡对应的 LED 灯就熄灭了。

之后，在 PC 上可以通过 Galileo Watcher 软件查看板子的信息，如图 1-11 所示。注意，如果用户是直接通过连线来连接 Galileo 和 PC 机的，那么，其显示的 IP 地址是类似于 169.254.163.50 的地址。当然，用户也可以将 Galileo 和 PC 都连接在同一个局域网内，如使用 TP-Link 设备搭建的本地局域网，并且开启 DHCP，这样，在 Galileo Watcher 软件上显示的 IP 地址就是局域网内的诸如 192.168.0.101 的地址。

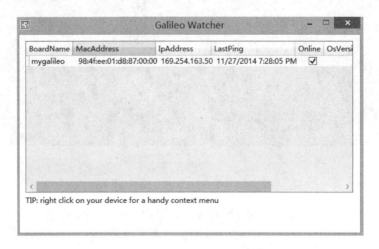

图 1-11　Galileo Watcher 显示信息

1.4.4 与 Galileo 进行 Telnet 通信

为了了解 Galileo 的工作状态，需要使用 Telnet 客户端与 Galileo 进行通信，从而判断其连接是否正常。同时，用户需要通过 Telnet 客户端来关闭 Galileo。

首先，在"运行"对话框的"打开"文本框中输入命令 telnet mygalileo，如图 1-12 所示。

图 1-12 启动 Telnet 连接 Galileo

在弹出的验证窗口中输入如下用户名和密码信息：

Username:Administrator
Password: admin

如果运行正常，Telnet 会显示 Windows IoT 的版本信息，同时默认的操作路径停留在 C:\Windows\System32，如图 1-13 所示。

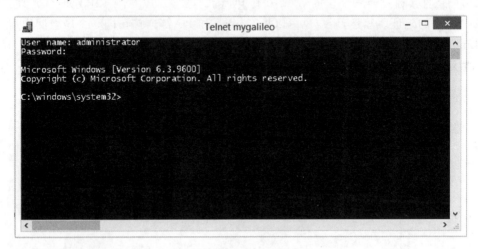

图 1-13 Telnet 成功连接 Galileo

这表示 PC 与 Galileo 正确连接，下面就可以使用 Visual Studio 进行调试了。注意，如果没有使用 Telnet 客户端与 Galileo 连接，那么是无法进行后续的 Visual Studio 调试的。

1.4.5 关闭 Galileo

在上述的 telnet mygalileo 命令行中,输入以下指令,就可以正常关闭 Windows:

shutdown /s /t 0

当 Galileo 关闭以后,其 MicroSD 卡的指示灯会停止闪烁。注意,每次关闭电源之前最好使用指令关闭 Galileo。否则,下一次启动时间会比较长,需要经过硬盘检测的过程,和 PC 上一样。

1.5 动手练习

1. 准备一块 Intel Galileo 开发板,参考 1.3 节的内容,下载最新的固件更新软件,并通过 PC 完成固件更新。

2. 在动手练习 1 的基础上,参考 1.4 节的内容,按次序完成 PC 环境的设置、Windows IoT 系统镜像文件的烧写、在 PC 上实现与 Galileo 的 Telnet 通信。

参考链接

[1] https://www-ssl.intel.com/content/www/us/en/embedded/products/galileo/galileo-overview.html
[2] https://software.intel.com/en-us/iot/hardware/galileo/downloads
[3] https://www-ssl.intel.com/content/www/us/en/do-it-yourself/support/maker/galileo/galileo-documents-and-guides.html
[4] https://software.intel.com/en-us/iot/hardware/galileo/support
[5] https://www-ssl.intel.com/content/www/us/en/do-it-yourself/support/maker/galileo/galileo-troubleshooting.html
[6] https://communities.intel.com/community/tech/galileo/overview
[7] https://www-ssl.intel.com/content/www/us/en/embedded/products/quark/overview.html?wapkw=quark
[8] https://downloadcenter.intel.com/download/24748
[9] https://connect.microsoft.com/windowsembeddediot/SelfNomination.aspx?ProgramID=8558
[10] http://ms-iot.github.io/content/ImageOnWin7.htm

第 2 章 Intel Galileo 的配置和开发工具

通过第 1 章内容的学习，已经完成了开发环境的搭建。本章将介绍如何使用 Telnet、Galileo Watcher 和 FTP 等工具，与 Intel Galileo 开发板进行交互，同时详细讲解 Galileo 上可以运行的命令。

2.1 使用 Telnet 连接设备

在开发 Galileo 应用程序的过程中，用户可以使用第 1 章所介绍的 Windows 自带的 Telnet 客户端来连接 Galileo。当然，用户也可以使用第三方的客户端工具进行 Telnet 通信，下面以 PuTTY[1] 为例进行介绍。

首先，运行 PuTTY，在弹出的配置对话框中输入 Galileo 的 IP 地址，选择 Telnet 作为连接类型，使用默认端口号，单击 Open 按钮进行连接，如图 2-1 所示。注意，其中的 IP 地址可以用 Windows IoT Watcher 来获得。

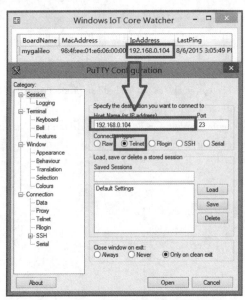

图 2-1　PuTTY 连接 Galileo 对话框

在弹出的用户名和密码界面中,输入如下信息:

User name: administrator
Password: admin

注意:上述用户名和密码是系统默认的参数,其界面如图2-2所示。

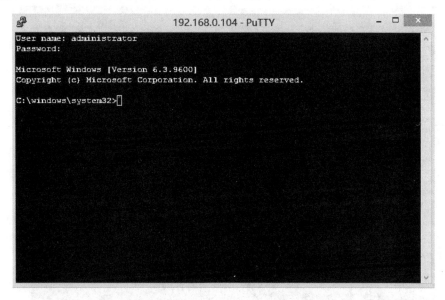

图2-2　PuTTY成功连接Galileo

当出现如图2-2所示的信息后,表示PC与Galileo正确连接,下面就可以使用Visual Studio进行调试了。

2.2　命令行汇总

在Telnet客户端或PuTTY中,用户可以使用各种命令来操作Galileo,现汇总如下。

1. 修改管理员密码命令

命令格式:net user Administrator 新密码

例如:net user Administrator galileo

通过以上操作,可将管理员密码改为galileo,如图2-3所示。

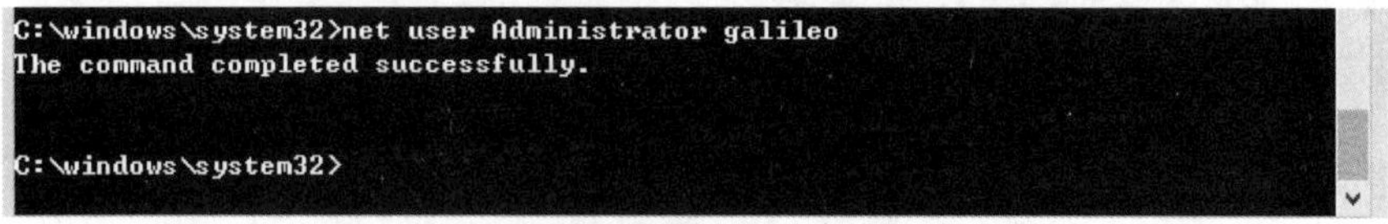

图2-3　修改管理员密码

2. 文件查看命令

命令格式：dir

例如，进入 C:\test 目录，使用 dir 命令，就可以显示该目录下的所有文件和包含的文件夹，如图 2-4 所示。

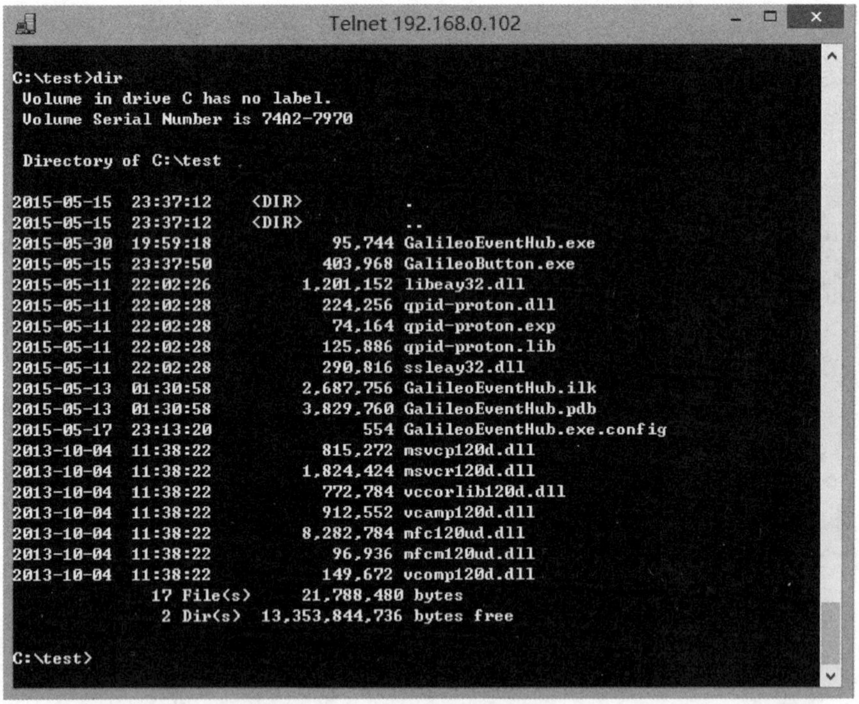

```
Telnet 192.168.0.102

C:\test>dir
 Volume in drive C has no label.
 Volume Serial Number is 74A2-7970

 Directory of C:\test

2015-05-15  23:37:12    <DIR>          .
2015-05-15  23:37:12    <DIR>          ..
2015-05-30  19:59:18            95,744 GalileoEventHub.exe
2015-05-15  23:37:50           403,968 GalileoButton.exe
2015-05-11  22:02:26         1,201,152 libeay32.dll
2015-05-11  22:02:28           224,256 qpid-proton.dll
2015-05-11  22:02:28            74,164 qpid-proton.exp
2015-05-11  22:02:28           125,886 qpid-proton.lib
2015-05-11  22:02:28           290,816 ssleay32.dll
2015-05-13  01:30:58         2,687,756 GalileoEventHub.ilk
2015-05-13  01:30:58         3,829,760 GalileoEventHub.pdb
2015-05-17  23:13:20               554 GalileoEventHub.exe.config
2013-10-04  11:38:22           815,272 msvcp120d.dll
2013-10-04  11:38:22         1,824,424 msvcr120d.dll
2013-10-04  11:38:22           772,784 vccorlib120d.dll
2013-10-04  11:38:22           912,552 vcamp120d.dll
2013-10-04  11:38:22         8,282,784 mfc120ud.dll
2013-10-04  11:38:22            96,936 mfcm120ud.dll
2013-10-04  11:38:22           149,672 vcomp120d.dll
              17 File(s)     21,788,480 bytes
               2 Dir(s)  13,353,844,736 bytes free

C:\test>
```

图 2-4　执行 dir 命令

3. 系统版本查看命令

命令格式：ver

例如，在 Telnet 中直接输入 ver，即可得到系统的版本号，如图 2-5 所示。

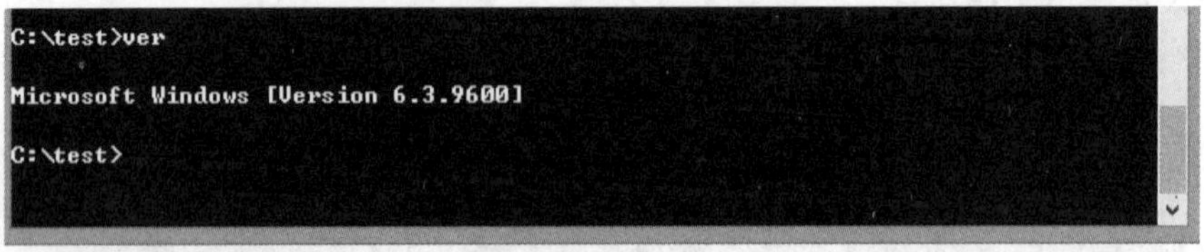

```
C:\test>ver

Microsoft Windows [Version 6.3.9600]

C:\test>
```

图 2-5　执行 ver 命令

其版本号 6.3.9600 正好是 Windows 8.1 Update。

4. 查看进程命令

命令格式：tlist

例如，在 Telnet 中直接输入 tlist，即可得到系统当前正在运行的进程，如图 2-6 所示。

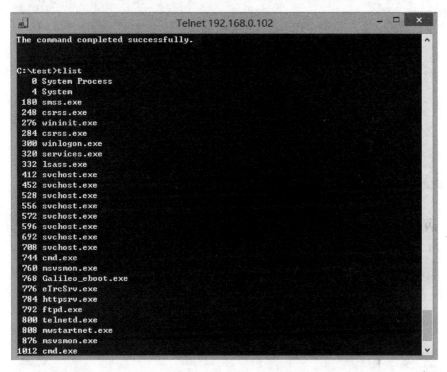

图 2-6　执行 tlist 命令

5．终止进程命令

命令格式：kill [name or process ID]

例如，在 Telnet 中直接输入"kill 进程号"，即可终止该进程的运行，这对于应用程序的调试非常有用。特别是在程序非正常的情况下，要终止程序的运行，就可以使用该命令，如图 2-7 所示。

6．启动应用程序

用户可以将 Telnet 的当前路径定位到应用程序所在目录，直接输入应用程序的名称，回车以后，该应用程序就会启动，以 C:\test 目录为例（在 Visual Studio 中，一般应用程序默认部署到该目录），如图 2-8 所示。

7．ping 命令

直接在 Telnet 中输入"ping IP 地址"，就可以查看与目标设备是否连通。

例如，ping www.163.com，执行结果如图 2-9 所示。

8．查看 IP 地址

直接在 Telnet 中输入"ipconfig /all"，就可以查看设备的 IP 地址，如图 2-10 所示。

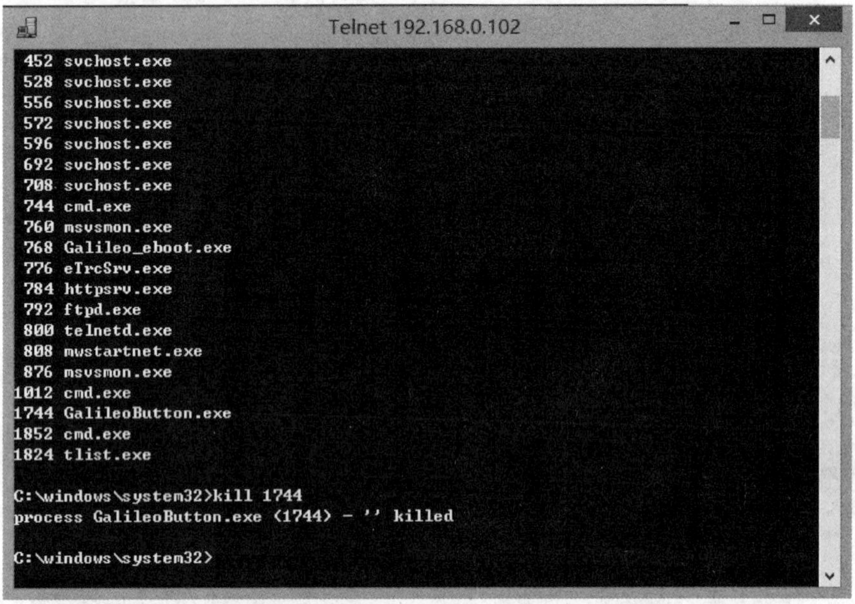

图 2-7 执行 kill 命令

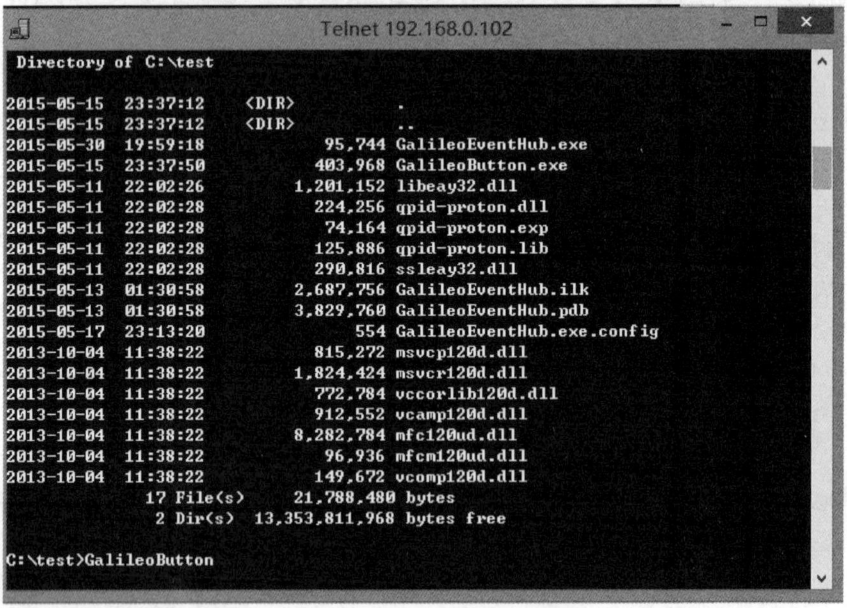

图 2-8 执行启动应用程序命令

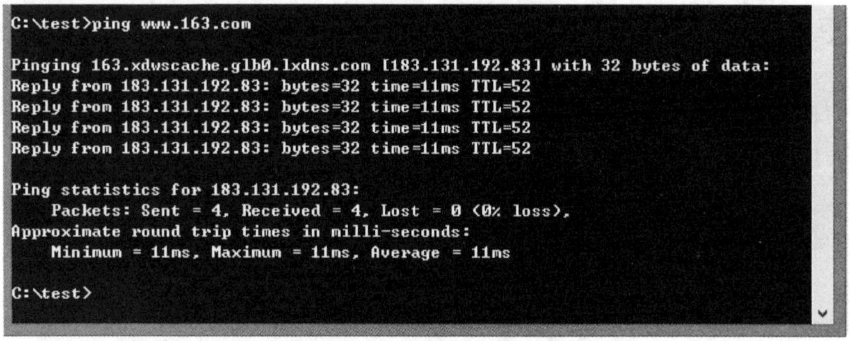

图 2-9　执行 ping 命令

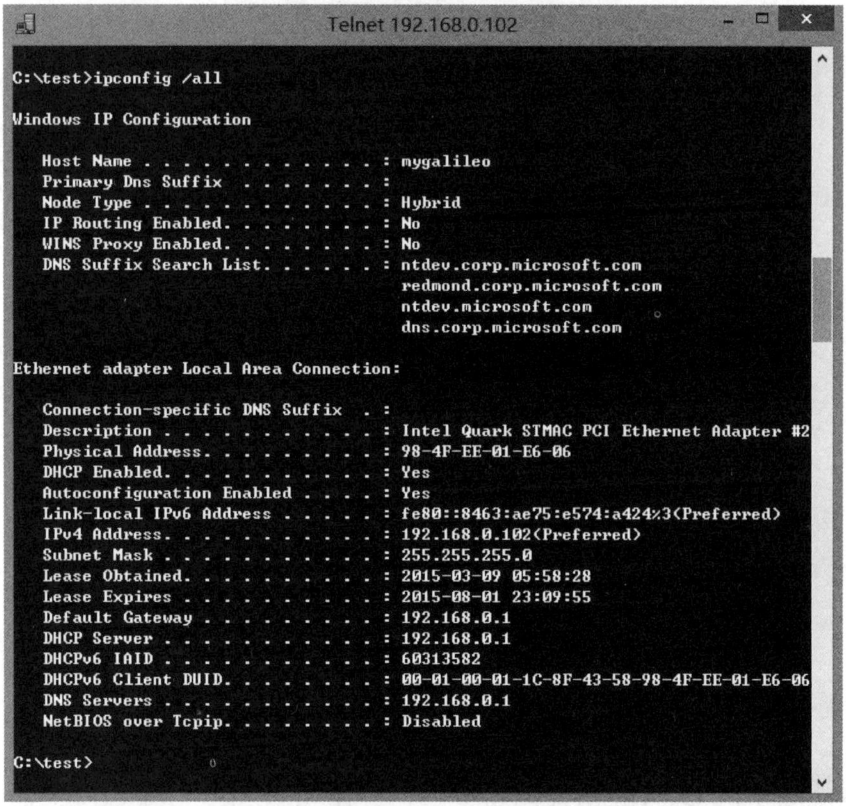

图 2-10　执行 ipconfig 命令

2.3 使用 Galileo Watcher 操作设备

在之前搭建 Galileo 开发环境的时候,已经安装了 Galileo Watcher 软件。通过该软件,用户可以完成管理和操作设备的功能。

Galileo Watcher 软件是默认开机自启动的,其位于任务栏的图标如图 2-11 所示。

图 2-11　Galileo Watcher 任务栏图标

Galileo Watcher 主界面可以显示当前局域网内运行的所有 Galileo 开发板,并且显示包括名称、IP、MAC、是否在线、操作系统版本和 BIOS 版本等多个信息,如图 2-12 所示。

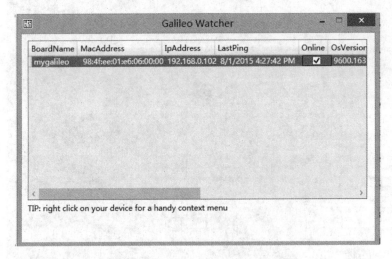

图 2-12　Galileo Watcher 主界面

通过 Galileo Watcher,用户可以完成复制 IP 地址、复制 MAC 地址、启动 Telnet 连接、启动网页管理工具和打开网络共享等操作。下面做具体说明。

1. 复制 MAC 地址

选中对应的 Galileo 设备,单击鼠标右键,在弹出的菜单中选择 Copy MAC Address 命令,如图 2-13 所示。

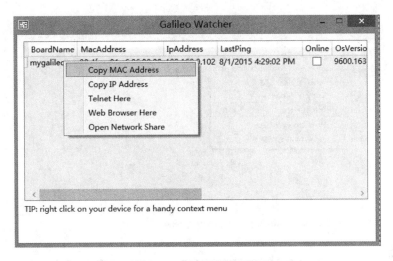

图 2-13　复制 MAC 地址

2．复制 IP 地址

选中对应的 Galileo 设备，单击鼠标右键，在弹出的菜单中选择 Copy IP Address 命令，如图 2-14 所示。

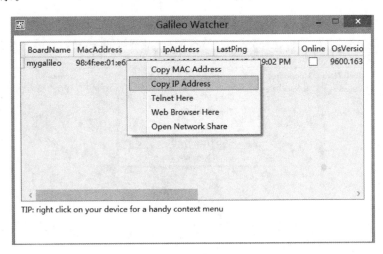

图 2-14　复制 IP 地址

3．启动 Telnet 连接

选中对应的 Galileo 设备，单击鼠标右键，在弹出的菜单中选择 Telnet Here 命令，如图 2-15 所示。

在弹出的 Telnet 客户端中，输入用户名和密码，其过程和 2.1 节"使用 Telnet 连接设备"中描述的一致。

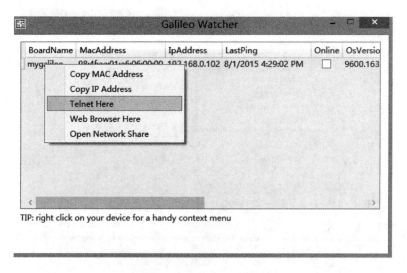

图 2-15　启动 Telnet 连接

4．启动网页管理工具

选中对应的 Galileo 设备，单击鼠标右键，在弹出的菜单中选择 Web Browser Here 命令，如图 2-16 所示。

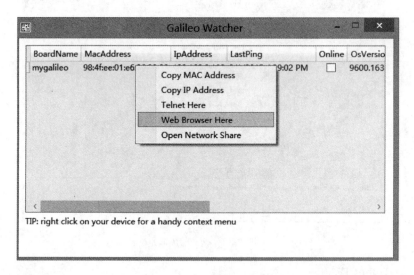

图 2-16　启动网页管理工具

系统采用默认的浏览器打开网页管理工具，如图 2-17 所示。

通过该网页管理工具，可以查看进程、文件和存储器状态。单击 task list，显示正在运行的进程，如图 2-18 所示。

然后，单击 file list，查看当前的文件，如图 2-19 所示。

图 2-17　网页管理工具界面

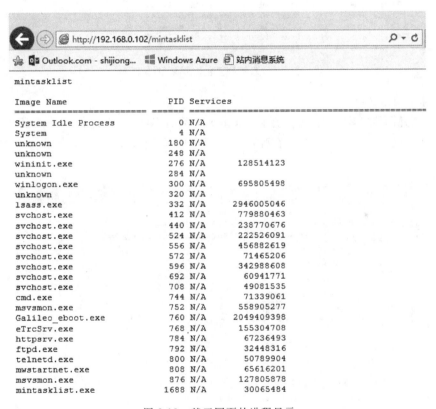

图 2-18　基于网页的进程显示

图 2-19　基于网页的文件列表

其输出提示异常(笔者猜测可能目前这个功能还未开发完善)。

最后,单击 memory statistics,查看存储器状态,如图 2-20 所示。

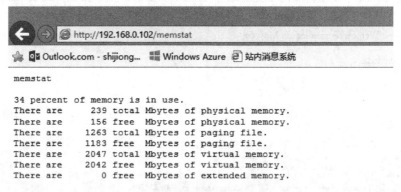

图 2-20　基于网页的存储器状态显示

5．打开网络共享

通过打开网络共享功能,可以查看 Galileo 设备的文件夹,并进行文件的操作。选中对应的 Galileo 设备,单击鼠标右键,在弹出的菜单中选择 Open Network Share 命令,如图 2-21 所示。

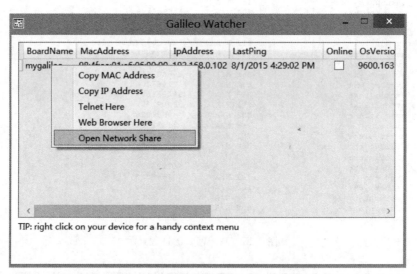

图 2-21　打开网络共享

会自动弹出"网络/192.168.0.102/C＄"的文件夹,显示目标 Galileo 的 C 盘文件和文件夹,如图 2-22 所示。

在此,用户可以进行文件的浏览、复制、移动等操作。

图 2-22　网页共享文件夹

2.4　使用 FTP 进行文件传输

运行 Windows 8.1 IoT 的 Galileo Gen 2，默认开启 FTP 服务，因此，在应用程序开发和调试过程中，用户也可以使用 FTP 客户端工具来和 Galileo Gen 2 进行文件传输。

首先，在开发 PC 机上打开一个 FTP 客户端工具，此处以 FlashFTP 为例，配置目标 IP 为设备的局域网 IP 地址，用户名、密码分别为 administrator 和 admin，端口为默认的 21，如图 2-23 所示。

图 2-23　FTP 客户端连接

单击"连接"按钮，就可以与目标机 Galileo Gen 2 建立 FTP 连接，进行文件传输，如图 2-24 所示。其默认目录为 C 盘根目录。

图 2-24　FTP 客户端成功连接 Galileo

接下来，演示一个过程，把 Visual Studio 编译好的 HelloGalileo.exe 文件通过 FTP 传输到设备的"C:\test"目录，并通过命令行来运行它。

将左边的本地目录定位到工程 Debug 所在的目录，将右边的设备目录定位到"C:\test"，选中需要传输的 HelloGalileo.exe 文件，单击鼠标右键，选择"传输选定的项"命令，如图 2-25 所示。

图 2-25　使用 FTP 工具传输文件

文件传输到目标路径下,如图 2-26 所示。

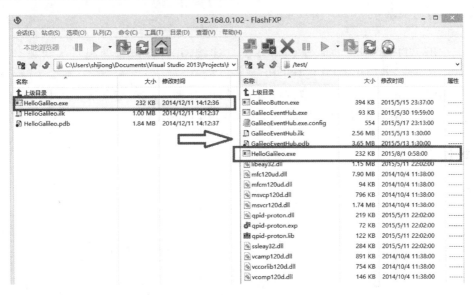

图 2-26 使用 FTP 工具成功传输文件

在建立连接的 Telnet 客户端中,定位到 C:\test 目录,并输入命令 HelloGalileo 来启动该应用程序,如图 2-27 所示。

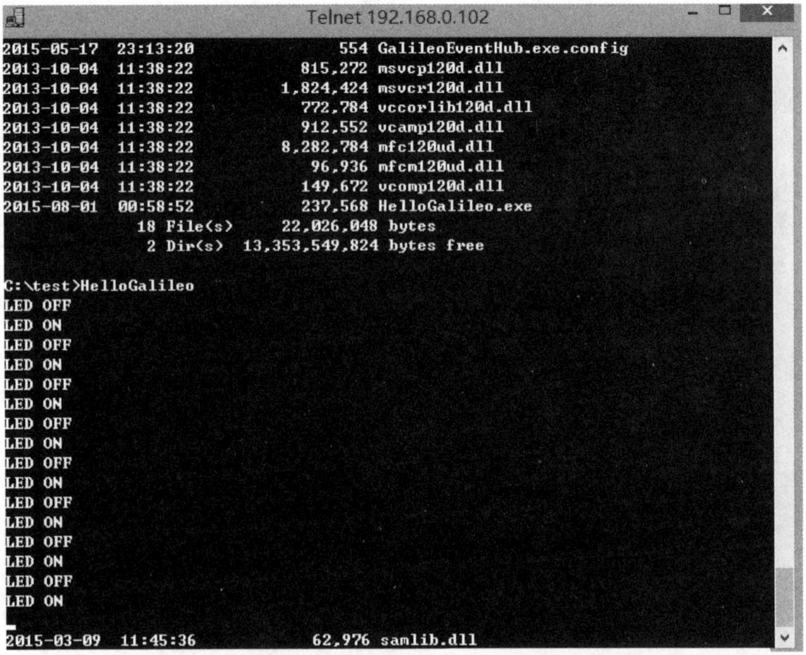

图 2-27 利用 Telnet 启动 Galileo 的应用程序

2.5 动手练习

1. 利用 FTP 客户端工具与 Galileo 建立连接,并且在设备的根目录新建一个名为 MyDoc 的文件夹,并使用 FTP 工具上传一个文件。

2. 利用 Galileo Watcher 获取设备的 IP 地址,参考 2.2 节,与设备建立 Telnet 连接后,使用命令行进入手动练习 1 新建的 MyDoc 文件夹,罗列该文件夹下的所有文件。

参考链接

[1] http://www.putty.org/

第 3 章 Intel Galileo 平台例程

通过第 1 章和第 2 章的内容，已经搭建了开发环境，掌握了开发工具和配置方法。本章将进行 Intel Galileo 平台的基础开发，主要包括数字 IO、模拟 IO、PWM 波和串口通信，为后续第 4 章的应用制作做好准备。

3.1 数字 IO 的输出

3.1.1 实例功能

本实例将着重介绍 Galileo 上数字 IO 的输出，主要包括 GPIO 的引脚声明、初始化和电平设置，并以 LED 为例，描述其过程。

3.1.2 硬件电路

本例程需要的元器件包括 LED 灯一个、330 欧姆电阻一个、面包板一块、连接线若干，其连接如图 3-1 所示。

需要注意的是，LED 灯的正极（较长的引脚端）通过电阻接 Galileo 数字引脚 13，负极（较短的引脚端）接 Galileo 的 GND。也就是说，程序中通过改变数字引脚 13 的电平高低来达到控制 LED 亮灭的目的。

3.1.3 程序设计

打开 Visual Studio，新建项目，选择"File→New Project"命令，在打开的 New Project 对话框中展开"Templates→Visual C++→Windows for IoT"节点，选择模板 Galileo Wiring app，将默认的工程名修改为 HelloGalileo，如图 3-2 所示。

Visual Studio 默认生成的程序代码结构如图 3-3 所示。

其中，用户主要编写的 main 函数部分在 Main.cpp 文件中。如果有用 Arduino IDE 写过程序的朋友，看到 Visual Studio 生成的 Main 程序应该会感觉到很熟悉，因为其程序的基本结构类似，包含 setup 和 loop 函数，分别用于初始化和程序的循环。

本例中，需要 LED 每隔 1 秒改变一次状态，修改代码如下：

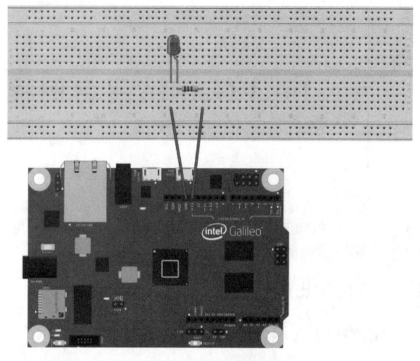

图 3-1 硬件连接图

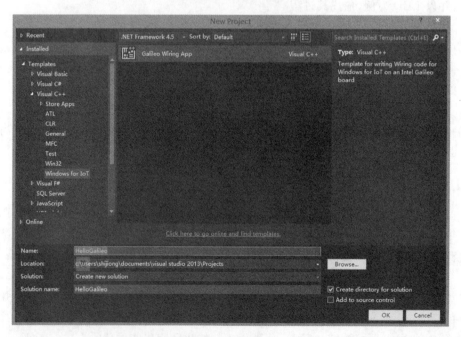

图 3-2 新建工程

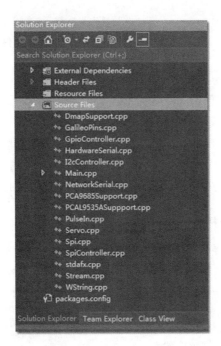

图 3-3　Visual Studio 默认生成的代码结构

代码清单 3-1：数字 IO 的输出

Main.cpp 文件主要代码

#include "stdafx.h"
#include "arduino.h"

int _tmain(int argc, _TCHAR* argv[])
{
　　return RunArduinoSketch();
}

int led = 13;   // 申明连接 LED 的引脚号

void setup()
{
　　// TODO: Add your code here
　　pinMode(led, OUTPUT);   // 配置该 LED 引脚为输出模式
}

// the loop routine runs over and over again forever:
void loop()
{
　　// TODO: Add your code here

```
    digitalWrite(led, LOW);       // 通过设置低电平来熄灭 LED
    Log(L"LED OFF\n");            // 打印调试信息
    delay(1000);                  // 延时 1 秒
    digitalWrite(led, HIGH);      // 通过设置高电平来点亮 LED
    Log(L"LED ON\n");             // 打印调试信息
    delay(1000);                  // 延时 1 秒
}
```

上述程序中，通过 int led=13 声明了 Galileo 连接 led 的引脚为 13；然后在 setup 函数中通过 pinMode 方法将其设置为输出模式；最后在 loop 函数中，通过 digitalWrite 方法设置引脚的电平高低，每改变一次状态，就使用 delay(1000) 来延时 1 秒。

3.1.4　部署与调试

程序编写完成以后，在解决方案浏览器中选中该项目，单击鼠标右键，选择 Property（属性）命令，在弹出的对话框中，选择 Debugging 选项，如图 3-4 所示。

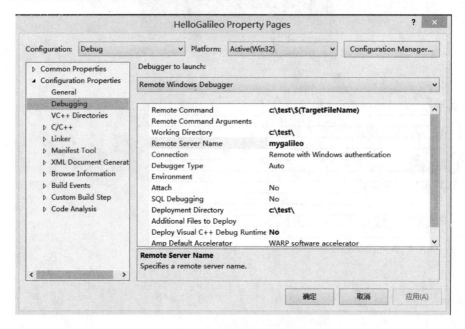

图 3-4　项目属性对话框

列表中的 Working Directory 为应用程序部署到设备上的路径，Remote Server Name 是 Galileo 设备的名称，默认为 mygalileo，这里也可以输入 Galileo 板子的 IP 地址。

然后，按 F5 键进行编译和调试。如果是第一次调试，Visual Studio 会弹出一个安全认证对话框，只需要输入对应的用户名和密码，例如：

```
Username: mygalileo\Administrator
Password: admin
```

其示意图如图 3-5 所示。

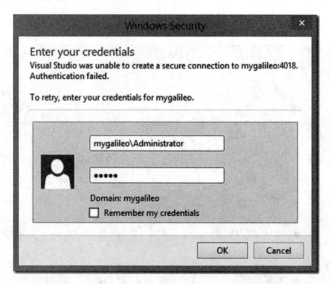

图 3-5　Visual Studio 调试的登录对话框

部署成功以后,就可以看到 LED 灯不停地闪烁,间隔时间为 1 秒,如图 3-6 所示。

图 3-6　程序运行的实物图

同时,在 Telnet 的客户端上,打印出 LED 实时状态的调试信息,如图 3-7 所示。

图 3-7　Telenet 调试信息输出

3.2　数字 IO 的输入

3.2.1　实例功能

本实例将着重介绍 Galileo 上数字 IO 的输入,主要包括 GPIO 的引脚声明、初始化和电平设置,并在 3.1 节 LED 操作基础上,添加开关(按钮),利用开关(按钮)来控制 LED 灯的状态。

3.2.2　硬件电路

本实例需要的元器件包括 LED 灯一个、330 欧姆电阻一个、10k 欧姆电阻一个、开关按钮一个、面包板一块、连接线若干,其元器件连接图如图 3-8 所示。

其原理图如图 3-9 所示。

图 3-9 中,R1 为 330 欧姆的限流电阻,R2 为 10k 欧姆的上拉电阻。由图可知,开关按钮 S1 在没有闭合的情况下,D7 引脚能够检测到高电平,在开关按钮 S1 闭合的情况下,D7 检测到的电平为低电平。

第3章　Intel Galileo平台例程

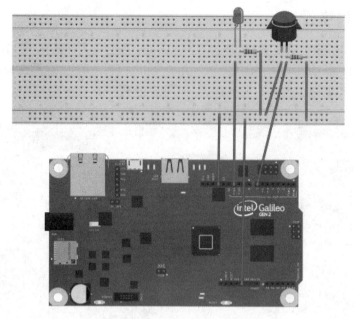

图 3-8　元器件连接图

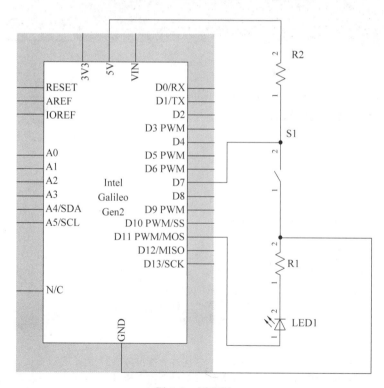

图 3-9　原理图

3.2.3 程序设计

打开 Visual Studio，新建项目，选择"File→New Project"命令，在弹出的 New Project 对话框中展开"Templates→Visual C++→Windows for IoT"节点，选择模板 Galileo Wiring app，将默认的工程名修改为 GalileoButton，如图 3-10 所示。

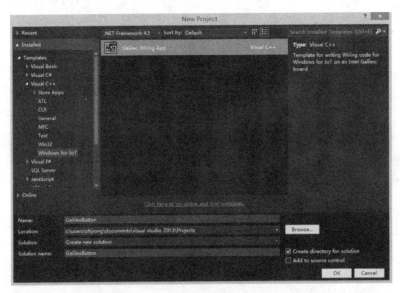

图 3-10 新建工程

打开 Main.cpp 文件，修改 main 函数如下。

代码清单 3-2：数字 IO 的输入

Main.cpp 文件主要代码

```
#include "stdafx.h"
#include "arduino.h"

int _tmain(int argc, _TCHAR* argv[])
{
    return RunArduinoSketch();
}

int ledpin = 11;              //定义数字 11 接口
int inpin = 7;                //定义数字 7 接口
int val;                      //定义变量 val
void setup()
{
    pinMode(ledpin, OUTPUT);  //定义小灯接口为输出接口
    pinMode(inpin, INPUT);    //定义按键接口为输入接口
}
```

```
void loop()
{
    val = digitalRead(inpin);    //读取数字 7 口电平值赋给 val
    if (val == LOW)              //检测按键是否按下,按键按下时小灯亮起
    {
        digitalWrite(ledpin, LOW);
    }
    else
    {
        digitalWrite(ledpin, HIGH);
    }
}
```

上述代码中,首先通过 setup 函数,设置数字 7 和 11 引脚的输入输出模式;然后在 loop 函数中,不断地通过 digitalRead 获取数字 7 脚的电平状态,从而根据该状态来改变 LED 灯的点亮和熄灭,其 LED 灯的控制通过 digitalWrite 来实现。

3.2.4 部署与调试

代码编写完成以后,按照 3.1.4 节描述的方法进行部署与调试。如果硬件连接正确,就会看到结果,如果用户按下开关按钮,LED 灯就亮起,如果用户放开开关按钮,LED 灯就熄灭,如图 3-11 所示。

图 3-11　程序运行的实物图

3.3 模拟 IO 的输入

3.3.1 实例功能

本实例将着重介绍 Galileo 上模拟 IO 的使用，主要包括引脚声明、初始化和模数转换，并以温度传感芯片 LM35 为例，描述其获取数据并处理显示的过程。

3.3.2 硬件电路

本实例需要用的元器件包括温度传感器 LM35 一个、面包板一块、连接线若干、330 欧姆电阻一个、$0.1\mu F$ 瓷片电容一个。其元器件连接如图 3-12 所示。

图 3-12　元器件连接图

原理图如图 3-13 所示。

细心的朋友会发现，在基于 Arduino 的方案中，LM35 并不需要加电容和电阻，而这里基于 Galileo 的方案却需要。原因如下：

(1) 在 LM35 的 5V 引脚和 GND 之间加一个小电容能够滤除电源噪声带来的干扰。

(2) 在 LM35 的信号输出引脚和 Galileo 的 A0 引脚之间加一个下拉电阻，可以滤除 LM35 信号引脚的尖峰干扰，因为 Galileo 的运行频率相对于 Arduino 较高，较容易受尖峰的干扰。

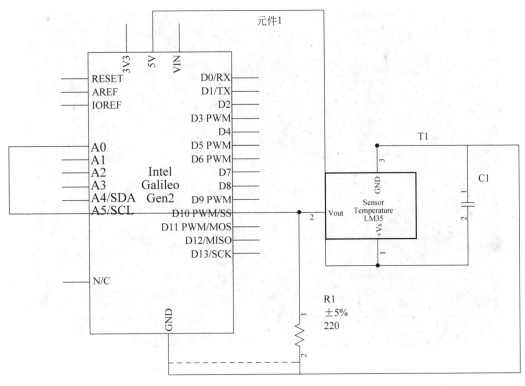

图 3-13　原理图

3.3.3　程序设计

新建工程，选择模板（即展开"Templates→Visual C++→Windows for IoT"节点，选择模板 Galileo Wiring app），将默认的工程名修改为 GalileoTempture，如图 3-14 所示。

打开 Main.cpp 文件，修改 main 函数如下。

代码清单 3-3：模拟 IO 的输入

```
Main.cpp 文件主要代码
-----------------------------------------------------------------
#include "stdafx.h"
#include "arduino.h"

int _tmain(int argc, _TCHAR* argv[])
{
    return RunArduinoSketch();
}

int potPin = A0;              //定义模拟接口 0,连接 LM35 温度传感器

void setup()
```

图 3-14　新建工程

```
{
}
void loop()
{
    int val;                    //定义变量
    int dat;                    //定义变量
    val = analogRead(potPin);   //读取传感器的模拟值并赋值给 val
    dat = (125 * val) >> 8;     //温度计算公式
    Log(L"Tep:");
    Log(L"%d", dat);            //以十进制显示 dat 变量数值
    Log(L"C\r\n");              //打印回车换行
    delay(1000);                //延时 1 秒
}
```

上述代码在 loop 循环中，每隔 1 秒，通过 analogRead 获取 LM35 的信号引脚的电压，转换成数字信号，然后通过 dat=(125 * val)>>8 计算出实际温度，最后显示在调试窗口中。

3.3.4　部署与调试

代码编写完成以后，按照 3.1.4 节描述的方法进行部署与调试。如果硬件连接正确，就会在 Visual Studio 的 Output 窗口中显示 LM35 检测到的温度信息，如图 3-15 所示。

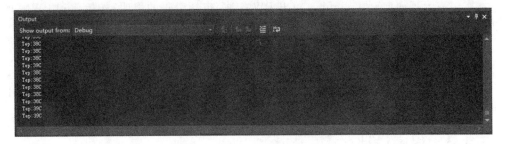

图 3-15　温度调试信息输出页面

实物连接和测试如图 3-16 所示。

图 3-16　程序运行的实物图

3.4　PWM 波的输出

3.4.1　实例功能

PWM（Pulse Width Modulation）就是通常所说的脉冲宽度调制，简称脉宽调制，广泛应用于灯具调光、电机调速和声音制作等领域。PWM 是一种对模拟信号电平进行数字编码的方法，由于计算机无法输出模拟电压，只能输出 0 或 5V 的数字电压值，就通过使用高分辨率计数器，利用方波的占空比被调制的方法来对一个具体模拟信号的电平进行编码。与 Arduino 类似，Galileo 提供了 6 个 PWM 功能的引脚，分别是 3、5、6、9、10 和 11。

本实例演示了如何利用 Galileo 输出 PWM 波,包括引脚的声明、初始化和 PWM 的输出操作。

3.4.2 硬件电路

本例程需要的元器件包括 LED 灯一个、330 欧姆电阻一个、面包板一块、连接线若干,其连接和 3.1 节的硬件电路类似,只是 Galileo 的控制引脚由 13 引脚变为 11 引脚,其他不变。

3.4.3 程序设计

打开 Visual Studio,新建项目(即选择"File→New Project"命令),选择模板(即展开"Templates→Visual C++→Windows for IoT"节点,选中 Galileo Wiring app),将默认的工程名修改为 GalileoPWM,如图 3-17 所示。

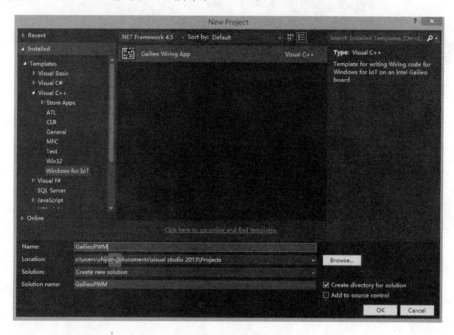

图 3-17 新建工程

打开 Main.cpp 文件,修改 main 函数如下。

代码清单 3-4:PWM 波的输出

```
Main.cpp 文件主要代码
------------------------------------------------------------------
#include "stdafx.h"
#include "arduino.h"

int _tmain(int argc, _TCHAR* argv[])
{
```

```
        return RunArduinoSketch();
}

int pwmpin = 11;                       //定义数字接口 11(PWM 输出)
int val = 0;

void setup()
{
    pinMode(pwmpin, OUTPUT);           //定义数字接口 11 为输出
}

void loop()
{
    for (val = 0; val < 255; val++)
    {
        Log(L"val: % d\r\n", val);     //输出调试信息
        analogWrite(pwmpin, val);      //打开 LED 并设置亮度(PWM 输出最大值为 255)
        delay(10);                     //延时 0.01 秒
    }
}
```

上述程序中,通过 int pwmpin = 11 声明了数字接口 11 为 PWM 输出接口,然后在 setup 函数中通过 pinMode 方法将其设置为输出模式,最后在 loop 函数中,通过 analogWrite 方法来输出 PWM 波形。需要注意的是,该方法的第二个参数的最大值是 255。

3.4.4　部署与调试

代码编写完成以后,按照 3.1.4 节描述的方法进行部署与调试。如果硬件连接正确,就会看到结果,即 LED 灯一直重复逐渐由暗变亮的过程,每个周期约为 2.5 秒左右,如图 3-18 所示。

图 3-18　程序运行的实物图

3.5 串口通信

3.5.1 实例功能

串口通信操作简单灵活,在嵌入式设备的调试过程中经常用到。本实例将在 3.4 节的基础上,结合串口,演示如何在 Galileo 上使用 HardwareSerial 进行串口的读写操作,即通过串口接收数据,控制连接的 LED 灯亮度,同时通过串口回复设置成功信息。

3.5.2 硬件电路

本例程需要的元器件包括 LED 灯一个、330 欧姆电阻一个、USB 转 TTL UART 模块一个、面包板一块、杜邦线若干。关于 USB 转 TTL UART 模块,选择一款 PC 机能够安装驱动、可以顺利通信即可,市场上常见的包括使用 CP、FTDI、CH 等系列主芯片均可以使用。其电路原理图如图 3-19 所示。

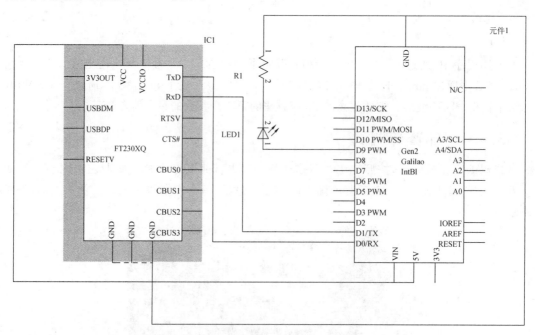

图 3-19 原理图

对应的元器件连接如图 3-20 所示。

需要注意的是,USB 转 TTL UART 模块一般只使用 4 个引脚,即 VCC、GND、Tx 和 Rx。其中,VCC 接 Galileo 的 5V 电源,GND 接 Galileo 的 GND,Tx 接 Galileo 的 RxD,Rx 接 Galileo 的 TxD,即 USB 转 TTL UART 模块的数据收发正好和 Galileo UART 的数据收发进行交叉,如图 3-21 所示。

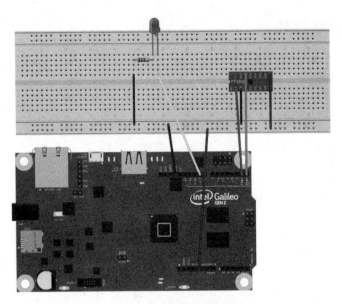

图 3-20　元器件连接图

图 3-21　USB 转 UART 模块和 Galileo 的 UART 需要数据收发交叉

3.5.3 程序设计

新建工程,选择模板(即,展开"Templates→Visual C++→Windows for IoT"节点,选中 Galileo Wiring app),将默认的工程名修改为 GalileoUART。

打开 Main.cpp 文件,修改 main 函数如下。

代码清单 3-5:串口通信

```
Main.cpp 文件主要代码
------------------------------------------------------------------
#include "stdafx.h"
#include "arduino.h"

int _tmain(int argc, _TCHAR* argv[])
{
    return RunArduinoSketch();
}

int ledpin = 9;
void setup()
{
    Serial.begin(CBR_9600, Serial.SERIAL_8N1);
    pinMode(ledpin,OUTPUT);
}

void loop()
{
    int brightness;
    //查询串口是否收到数据
    if (Serial.available())
    {
        //获取数据
        brightness = Serial.read();
        //设置LED亮度
        analogWrite(ledpin,brightness);
        //回复串口信息
        Serial.write("Set LED OK");
    }
}
```

上述程序中,设置数字 9 引脚为控制 LED 的 PWM 波输出引脚,在 setup 函数中,通过 Serial.begin 方法初始化串口,其中的两个参数分别表示 9600 波特率和 8 位数据位、1 位停止位,同时,将 LED 引脚设置为输出模式。在 loop 函数中,不断查询串口是否有数据收到,如果有数据就接收,放在 brightness 变量中,然后使用 analogWrite 设置 PWM 波形的占空比,达到调节 LED 灯亮度的目的,最后,使用 Serial.write 方法回复串口数据,提示 LED 设置成功。需要注意的是,用户发送的串口数据不能大于 255,因为 analogWrite 第二个参数的最大值就是 255。

3.5.4 部署与调试

代码编写完成以后,按照 3.1.4 节描述的方法进行部署与调试。如果硬件连接正确,就可以在 PC 上打开串口调试工具。需要注意的是,在设备管理器中查询的 USB－Serial 模块后面的 COM 号需要和串口调试工具中打开的串口号一致,如图 3-22 所示。

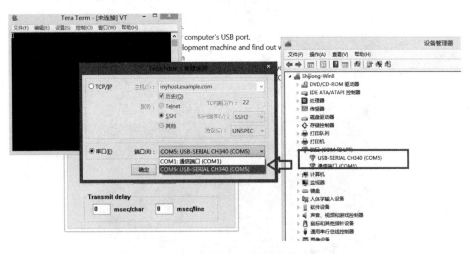

图 3-22 查看并设置 USB 转 UART 模块串口号

可以在串口调试助手的发送数据框中输入需要发送的数据。注意,数据范围为 0~255,且发送的方式选择 HEX 发送,接收采用字符串方式显示,如图 3-23 所示,发送十六进制数 F1 以后,Galileo 的数字引脚 9 变亮,同时在串口调试助手的接收界面收到了数据"Set LED OK"。

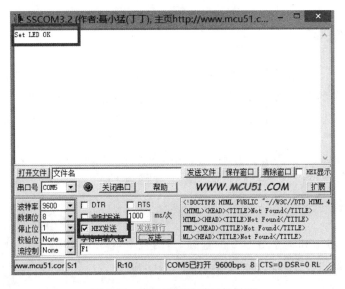

图 3-23 串口调试助手运行界面

实物运行图如图 3-24 所示。

图 3-24 实物运行图

3.6 动手练习

1. 在 3.1 节和 3.2 节内容的基础上，制作一个简单的抢答器，具体要求为：加入两个按钮和两个不同颜色的 LED 灯，如果程序检测到任何一个按钮为低电平，就点亮该按钮对应的 LED，持续时间为 3 秒，3 秒后熄灭，并且通过 Log() 方法打印信息，提示是哪个按钮按下。

2. 在 3.1 节和 3.3 节内容的基础上，制作一个简单的温度指示灯，具体要求为：加入一个 LM35 温度传感器和一个 LED 灯，程序中不断检测 LM35 的温度，当温度超过或者低于设定的阈值时，点亮 LED，并且通过 Log() 方法打印信息，提示温度已经超过或者低于某个阈值。

3. 在动手练习 1 和动手练习 2 的基础上，结合本章 3.5 节串口通信的内容，将原来程序中通过 Log() 方法打印的提示信息改为通过串口输出，设定串口参数为：9600 波特率、8 位数据位、1 位停止位。

第 4 章 Intel Galileo 应用制作

通过前面 3 章的学习和实践，已经掌握了基于 Galileo 平台的 Windows IoT 开发环境搭建、开发工具的使用以及外围接口的使用。在前面几章的基础上，通过本章将学习调光灯、感光灯、火焰报警器和智能风扇等应用的开发和制作。

4.1 PWM 调光灯制作

4.1.1 实例功能

本实例将在 3.3 节和 3.4 节的基础上，利用模拟 IO 检测电位计电压，根据其电压值的大小，控制 PWM 波形的占空比，从而最终达到控制 LED 灯亮度的目的。

4.1.2 硬件电路

本实例需要的元器件包括电位计模块一个、LED 灯一个、330 欧姆电阻一个、面包板一块、面包板跳线若干。其元器件连接如图 4-1 所示。

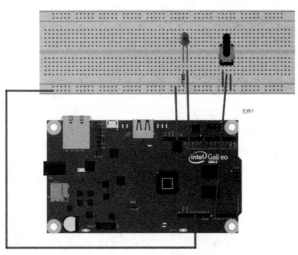

图 4-1 元器件连接图

原理图如图 4-2 所示。

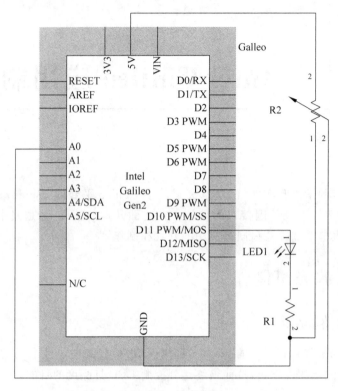

图 4-2　原理图

参考上述电路,用户可以通过旋转电位器改变 A0 输入引脚的电压,其范围为 0～5V。因此,程序通过读取 A0 的电压值,根据其值的大小来改变引脚 11 的 PWM 波形的占空比参数,从而达到改变 LED 灯亮度的目的。

4.1.3　程序设计

新建工程,选择模板(即展开"Templates→Visual C++→Windows for IoT"节点,选中 Galileo Wiring app),将默认的工程名修改为 GalileoPWMLight,如图 4-3 所示。

打开 Main.cpp 文件,修改 main 函数如下。

代码清单 4-1：PWM 调光灯

Main.cpp 文件主要代码

```
# include "stdafx.h"
# include "arduino.h"

int _tmain(int argc, _TCHAR * argv[])
{
```

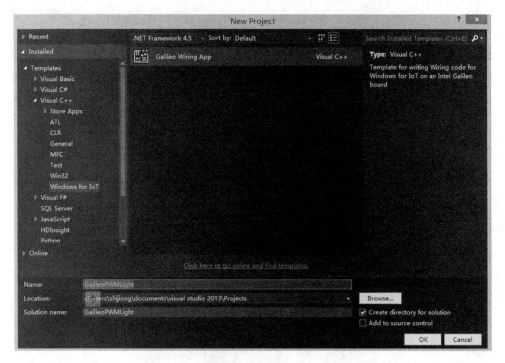

图 4-3　新建工程

```
    return RunArduinoSketch();
}

int potpin = 0;                    //定义模拟接口 0
int ledpin = 11;                   //定义数字接口 11(PWM 输出)
int val = 0;                       //暂存来自传感器的变量数值

void setup()
{
    pinMode(ledpin, OUTPUT);       //定义数字接口 11 为输出
}

void loop()
{
    val = analogRead(potpin);      //读取传感器的模拟值并赋值给 val
    Log(L"val: % d\r\n", val);     //输出调试信息
    analogWrite(ledpin, val / 4);  //打开 LED 并设置亮度(PWM 输出最大值为 255)
    delay(10);                     //延时 0.01 秒
}
```

上述程序首先通过 int potpin = 0 和 int ledpin = 11 分别定义电位器的输入接口和

PWM 的输出引脚；接着，通过 setup 函数来初始化引脚；最后，在 loop 函数中，通过 analogRead 读取电位器的电压，然后将其通过 analogWrite 输出在 LED 上。

需要注意的是，analogWrite 方法的第二个参数是 val/4，原因如下：analogRead 读取的电压值范围是 0～5V，而转换后的数字值为 0～1023。因此，如果直接将转换后的值赋给 analogWrite 的第二个参数，会发生异常。将其值除以 4 以后，最大值不会超过 255，符合要求。

4.1.4 部署与调试

代码编写完成以后，按照 3.1.4 节描述的方法进行部署与调试。如果硬件连接正确，就会在 Visual Studio 的 Output 窗口中显示 A0 引脚检测到的电位计的电压信息，同时，LED 灯的亮度也会随之变化，如图 4-4 所示。

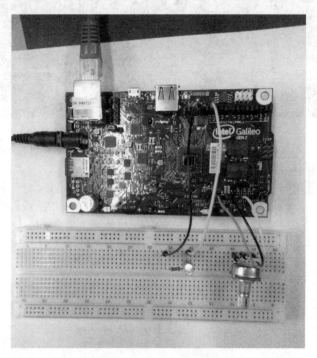

图 4-4　程序运行的实物图

4.2 感光灯制作

4.2.1 实例功能

在 4.1 节中，学习了如何利用电位器和 LED 灯来完成一个 PWM 调光灯的制作，其调光效果是需要人为操作电位器来达到的。而目前很多设备都加入了智能的概念，即无需人为干预,就能够自动调整相关参数。本实例将利用光敏电阻替代 4.1 节中的电位器,利用其感光特性来制作一个感光灯,感光灯能够根据环境光的强度,自动调节 LED 灯的亮度。

4.2.2 硬件电路

本实例除了几种常用的元器件以外,还用到了光敏电阻,光敏电阻又称为光感电阻,是利用半导体的光电效应制成的一种电阻,其电阻值随入射光的强弱而改变:入射光强,电阻减小,入射光弱,电阻增大。光敏电阻器一般用于光的测量、光的控制和光电转换(将光的变化转换为电的变化)。光敏电阻可广泛应用于各种光控电路,如对灯光的控制、调节等场合,也可用于光控开关。

根据本实例的需求,使用到的元器件包括光敏电阻一个、LED 灯一个、330 欧姆电阻一个、10k 欧姆电阻一个、面包板一块、面包板跳线若干。本实例的元器件连接图如图 4-5 所示。

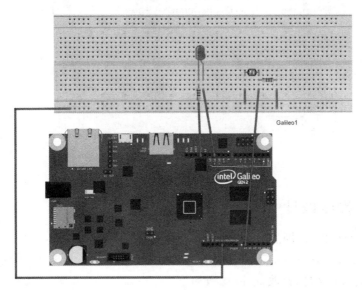

图 4-5 元器件连接图

对应的原理图如图 4-6 所示。

通过上述电路,光敏电阻与 10k 欧姆电阻串联,分到 A0 引脚的电压是光敏电阻与 GND 之间的电压。光敏电阻的特性是"入射光强,电阻减小,入射光弱,电阻增大",因此,随着环境光的增强,光敏电阻的阻值变小,分到 A0 引脚的电压也减小,使得 11 引脚输出的 PWM 波的占空比减小,从而对应的 LED 灯的亮度也减弱。反之,在环境光减弱的情况下,对应的 LED 灯的亮度就增强。这也是符合感光灯的设计初衷,可以达到节省能源的目的。

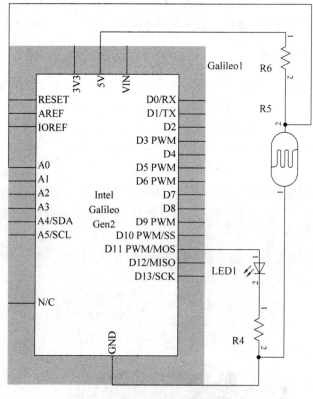

图 4-6　原理图

4.2.3　程序设计

新建工程,选择模板(即展开"Templates→Visual C++→Windows for IoT"节点,选中 Galileo Wiring app),将默认的工程名修改为 GalileoLightLED,如图 4-7 所示。

打开 Main.cpp 文件,修改 main 函数如下。

代码清单 4-2:感光灯

Main.cpp 文件主要代码

```
# include "stdafx.h"
# include "arduino.h"

int _tmain(int argc, _TCHAR* argv[])
{
    return RunArduinoSketch();
}
```

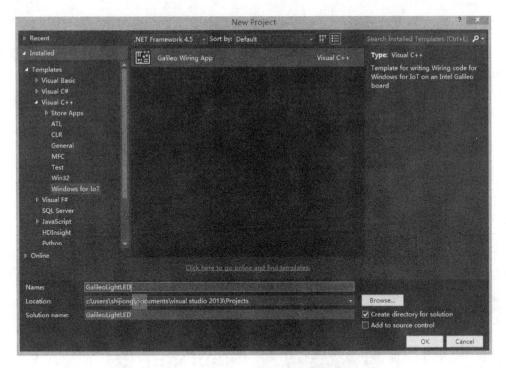

图 4-7　新建工程

```
int potpin = 0;                    //定义模拟接口 0 连接光敏电阻
int ledpin = 11;                   //定义数字接口 11 输出 PWM 调节 LED 亮度
int val = 0;                       //定义变量 val

void setup()
{
    pinMode(ledpin, OUTPUT);       //定义数字接口 11 为输出
}

void loop()
{
    val = analogRead(potpin);      //读取传感器的模拟值并赋值给 val
    Log(L"val: %d\r\n", val);      //输出调试信息
    analogWrite(ledpin, val/4);    // 打开 LED 并设置亮度(PWM 输出最大值为 255)
    delay(10);                     //延时 0.01 秒
}
```

可发现,其实代码部分和 4.1 节完全一致,只是在硬件上将电位器换成了光敏电阻,从而达到根据环境光强度自动控制 LED 的目的。

4.2.4 部署与调试

代码编写完成以后,按照 3.1.4 节描述的方法进行部署与调试。如果硬件连接正确,就会在 Visual Studio 的 Output 窗口中显示 A0 引脚检测到的光敏电阻的电压信息,同时,LED 灯的亮度也会随之变化,如图 4-8 所示。

图 4-8 程序运行的实物图

4.3 火焰报警器制作

4.3.1 实例功能

本实例将利用火焰传感器和蜂鸣器,实现一个火焰报警器的制作。火焰传感器的外形和 LED 很相似,它利用红外线对火焰非常敏感的特点,使用特制的红外线接收管来检测火焰,然后把火焰的亮度转化为高低变化的电平信号。使用时,红外接收三极管的短引线端为负极,长引线端为正极。将负极接到 5V 电源,将正极和 10k 欧姆电阻相连,电阻的另一端接地，最后从火焰传感器的正极端所在列接入一根跳线，跳线的另一端接在 Galileo 的模拟口中。利用 Galileo 的模拟输入端口读取电平信号，从而达到检测火焰的目的。

4.3.2 硬件电路

本实例使用的元器件包括火焰传感器一个、蜂鸣器一个、10k 欧姆电阻一个、面包板一块、连接线若干。

蜂鸣器有两个引脚，标记为"正"极性的引脚接 Galileo 的数字接口输出，"负"极性的引脚接 Galileo 的地。在程序控制上，Galileo 数字接口输出高低电平就可以控制蜂鸣器的鸣响。这里使用模拟口 0 来检测火焰传感器的输出电平。

元器件连接如图 4-9 所示。

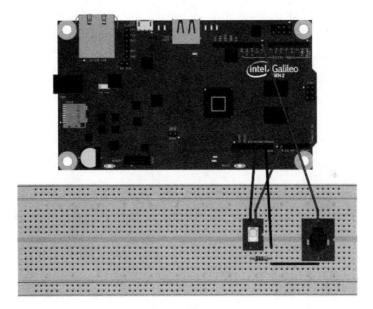

图 4-9　元器件连接图

对应的原理图如图 4-10 所示。

在有火焰靠近和没有火焰靠近两种情况下，模拟口读到的电压值是有变化的。实际用万用表测量可知，在没有火焰靠近时，模拟口读到的电压值为 0.3V 左右；当有火焰靠近时，模拟口读到的电压值为 1.0V 左右，火焰靠近距离越近，电压值越大。因此，在设计程序时，可以不断地循环读取模拟口电压值，如果大于 1.0V，则判断有火焰靠近，让蜂鸣器发出声音以作报警；如果差值小于 1.0V，则蜂鸣器不响。

注意：实际应用中，不同的火焰传感器的检测值可能不一样，因此，阈值电压的选取需要根据实际情况进行调整。

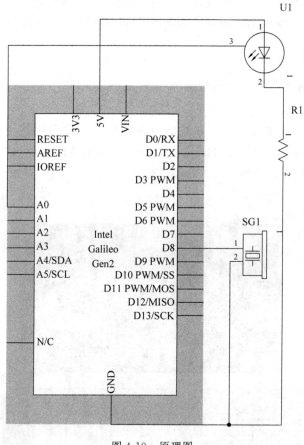

图 4-10　原理图

4.3.3　程序设计

新建工程,选择模板(即展开"Templates→Visual C++→Windows for IoT"节点,选中 Galileo Wiring app),将默认的工程名修改为 GalileoFireDetector,如图 4-11 所示。

打开 Main.cpp 文件,修改 main 函数如下。

代码清单 4-3:火焰报警器

Main.cpp 文件主要代码

```
#include "stdafx.h"
#include "arduino.h"

int _tmain(int argc, _TCHAR* argv[])
{
    return RunArduinoSketch();
}
```

第4章 Intel Galileo应用制作

图 4-11 新建工程

```
int flame = 0;                              //定义火焰传感器接口为模拟 0 接口
int Buzzer = 8;                             //定义蜂鸣器接口为数字 8 接口
int val = 0;                                //定义数字变量
void setup()
{
    pinMode(Buzzer, OUTPUT);                //定义蜂鸣器为输出接口
    pinMode(flame, INPUT);                  //定义火焰传感器为输入接口
}
void loop()
{
    unsigned char i, j;                     //定义变量
    val = analogRead(flame);                //读取火焰传感器的模拟值
    Log(L"val: % d\r\n", val);              //输出调试信息
    if (val >= 900)                         //当模拟值大于 900 时蜂鸣器鸣响
    {
        for (i = 0; i < 80; i++)            //输出一个频率的声音
        {
            digitalWrite(Buzzer, HIGH);     //发声音
            delay(1);                       //延时 1ms
            digitalWrite(Buzzer, LOW);      //不发声音
            delay(1);                       //延时 ms
        }
        for (i = 0; i < 100; i++)           //输出另一个频率的声音
        {
            digitalWrite(Buzzer, HIGH);     //发声音
```

```
            delay(2);                      //延时 2ms
            digitalWrite(Buzzer, LOW);     //不发声音
            delay(2);                      //延时 2ms
        }
    }
    else
    {
        digitalWrite(Buzzer, LOW);
    }
}
```

程序中,首先定义火焰传感器和蜂鸣器的接口,然后在 setup 函数中进行输入输出的模式设置。最后,在 loop 循环中不断检测火焰传感器的输出电平,如果大于某一个值,就让蜂鸣器以变换的频率发出声响,不然,就让蜂鸣器保持安静。

4.3.4 部署与调试

代码编写完成以后,按照 3.1.4 节描述的方法进行部署与调试。如果硬件连接正确,就会在 Visual Studio 的 Output 窗口中显示 A0 引脚检测到的火焰传感器的电压信息,同时,如果有火焰靠近,蜂鸣器就会报警,如图 4-12 所示。

图 4-12 程序运行的实物图

4.4 智能风扇制作

4.4.1 实例功能

本实例将在 3.3 节"模拟 IO 的输入"基础上,利用 LM35 温度传感器和直流电机,实现

一个智能风扇原型的制作。在功能上,利用Galileo的模拟输入口检测LM35的输出电平,转换为环境温度,进行判断以后,对风扇的直流电机进行控制,从而达到根据环境温度来控制风扇的目的。

4.4.2 硬件电路

本实例需要的元器件包括温度传感器LM35一个、5V直流电机一个、330欧姆电阻两个、二极管一个、9013三极管一个、面包板一块、连接线若干。

对于温度传感器,LM35有三个引脚,分别是GND、Vout和Vs,连接地、Galileo的A0和5V引脚。这里需要在Vout输入和地之间加入一个220欧姆的电阻,同时需要在LM35电源输入的引脚附近加一个0.1uF的瓷片电容,用于滤除电源中杂波的干扰。

对于5V直流电机,使用三极管来驱动其开关。三极管9013的集电极上接直流电机,用Galileo的数字引脚11来控制三极管的基极,射级直接接地。需要注意的是,在直流电机两端放一个二极管,用于在断电后,剩余能量的释放。

本实例的元器件连接图如图4-13所示。

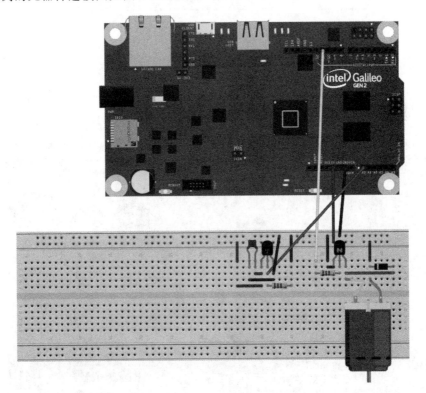

图4-13 元器件连接图

对应的原理图如图4-14所示。

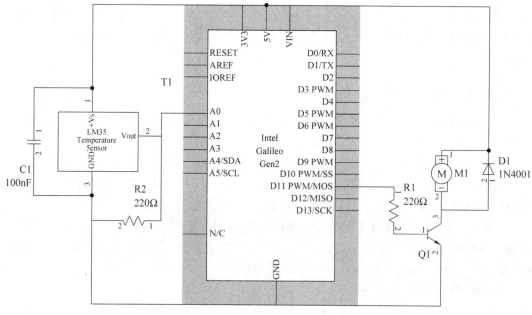

图 4-14 原理图

4.4.3 程序设计

新建工程,选择模板(即展开"Templates→Visual C++→Windows for IoT"节点,选中 Galileo Wiring app),将默认的工程名修改为 GalileoSmartFan,如图 4-15 所示。

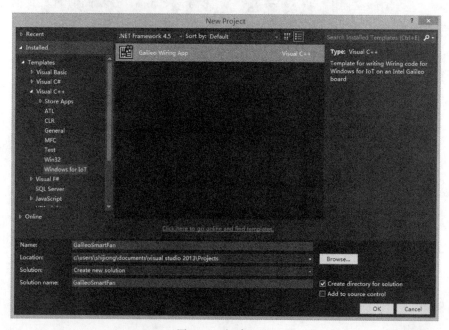

图 4-15 新建工程

打开 Main.cpp 文件，修改 main 函数如下。

代码清单 4-4：智能风扇

Main.cpp 文件主要代码

```cpp
#include "stdafx.h"
#include "arduino.h"
int _tmain(int argc, _TCHAR* argv[])
{
    return RunArduinoSketch();
}
int MOTOR_PIN = 11;                    //定义数字接口 11 控制直流电机
int TEMP_PIN = A0;                     //定义模拟接口 0 连接 LM35 温度传感器
void init_motor()
{
    pinMode(MOTOR_PIN, OUTPUT);
    analogWrite(MOTOR_PIN, 0);
}
void setup()
{
    init_motor();                      // 初始化直流电机控制引脚
}
void loop()
{
    int val;                           //定义变量
    int dat;                           //定义变量
    val = analogRead(TEMP_PIN);        //读取传感器的模拟值并赋值给 val
    dat = (125 * val) >> 8;            //温度计算公式
    Log(L"Tep:");
    Log(L"%d", dat);                   //以十进制显示 dat 变量数值
    Log(L"C\r\n");
    if (dat > 21)                      //温度判断
    {
        Log(L"Start DC Motor\r\n");
        analogWrite(MOTOR_PIN, 100);
        delay(3000);
    }
    else
    {
        Log(L"Stop DC Motor\r\n");
        analogWrite(MOTOR_PIN, 0);
        delay(3000);
    }
}
```

程序中，首先定义温度传感器的引脚和控制直流电机的引脚，然后通过 setup 函数初始化直流电机的状态，最后在 loop 循环中不断检测温度传感器的数值，大于阈值以后就开启直流电机。其流程图如图 4-16 所示。

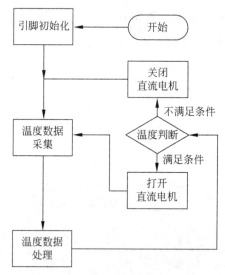

图 4-16　程序流程图

4.4.4　部署与调试

代码编写完成以后,按照 3.1.4 节描述的方法进行部署与调试。如果硬件连接正确,就会在 Visual Studio 的 Output 窗口中显示 A0 引脚检测到的环境温度信息,同时,如果温度超过阈值,直流电机就会开始运转,如图 4-17 所示。

图 4-17　程序运行的实物图

4.5 动手练习

1. 在 4.1 节和 4.2 节内容的基础上,加入一个开关,使得用户可以通过该开关切换 LED 灯的控制模式,即程序中需要不断检测该开关的状态,从而决定是采用感光灯模式还是手动的 PWM 波调整模式。

2. 在 4.3 节内容的基础上,添加 LED 报警功能,即加入一个 LED,在程序中检测到火焰时,除了蜂鸣器发声以外,点亮该 LED。

3. 在 4.4 节智能风扇中加入手动控制功能,即添加一个开关、可调电阻,用户通过开关切换风扇的工作模式,通过可调电阻的电压来控制风扇的转速。

第二篇 基于Raspberry Pi 2和MinnowBoard Max的Windows 10 IoT Core平台应用开发

从Windows 10开始，微软针对操作系统的思路有了较大的变化，对手机、平板、PC和物联网设备的操作系统都统一命名为Windows 10操作系统。同时，对于全新的平台，推出了"通用应用"的模型，真正实现了一个工程、全平台设备通用的目的。本书第二篇主要面向以Raspberry Pi 2和MinnowBoard Max为平台的Windows 10 IoT Core版本，内容涉及Raspberry Pi 2和MinnowBoard Max的硬件资源、开发环境配置、应用开发及作品制作流程。

本篇包括以下章节：

第5章 初识 Raspberry Pi 2 和 MinnowBoard Max

介绍Raspberry Pi 2和MinnowBoard Max平台的发展历史、硬件和接口资源、Windows 10 IoT Core开发环境搭建流程，同时，针对MinnowBoard Max平台，详细描述其固件更新和BIOS的设置。

第6章 Windows 10 IoT Core 配置和开发工具

介绍用户在开发Intel Galileo应用程序过程中，如何使用多种工具与Windows 10 IoT Core平台进行交互，主要包括PowerShell、SSH、Windows IoT Core Watcher和基于网页的设备管理这四种工具的使用，同时也详细罗列了远程控制Windows 10 IoT Core的命令和设置应用为自启动的方法。

第7章 Windows 10 IoT Core 例程

介绍如何利用Windows 10 IoT Core设备的外设接口资源进行应用开发，主要包括数字IO、I2C、SPI和串口通信，以及如何搭建Web Server提供Web服务。

第8章 Windows 10 IoT Core 应用之 Node.js 篇

介绍在Windows 10 IoT Core平台运行Node.js所需的环境和软件安装，以及工程的创建、代码的编写和应用的部署流程。

第 9 章　Windows 10 IoT Core 应用之 Python 篇

介绍在 Windows 10 IoT Core 平台运行 Python 所需的环境和软件安装，以及工程的创建、代码的编写和应用的部署流程。

第 10 章　Windows 10 IoT Core 应用之蓝牙篇

介绍蓝牙技术的标准、低功耗蓝牙的优势和 Windows 10 IoT Core 支持的蓝牙 API，以 TI SensorTag 为例，描述其与 Windows 10 IoT Core 设备之间进行配对的流程，以及如何开发低功耗蓝牙的通用应用程序，并且给出部署和调试的过程。

通过本篇的学习和动手实践，读者可以了解以 Raspberry Pi 2 和 MinnowBoard Max 为平台的 Windows 10 IoT Core 版本的内在特性，熟悉其硬件和接口资源的使用，掌握 Windows 10 IoT Core 客户端和服务端的应用开发和实物制作。

第 5 章 初识 Raspberry Pi 2 和 MinnowBoard Max

Raspberry Pi 和 MinnowBoard 是在创客群体中被广泛使用的核心处理平台，两者分别面向基于 ARM 的高性价比需求和面向基于 x86 的高性能需求的应用场景。微软看到了这两个平台的巨大市场，在推出的 Windows 10 IoT Core 版本中，首先加入了对这两个平台的支持。在此基础上，微软 IoT 部门已经于 2015 年 10 月发布基于高通 410c 的 Windows 10 IoT Core 版本。本章将介绍 Raspberry Pi 2 和 MinnowBoard MAX 平台的硬件和外设接口资源、固件更新方法，以及 Windows 10 IoT Core 开发环境的搭建。通过本章的学习，可以让开发者了解基于 Raspberry Pi 2 和 MinnowBoard MAX 平台的 Windows 10 IoT Core 应用开发，为后续的应用和实物制作打好基础。

5.1 Raspberry Pi 和 MinnowBoard 简介

Raspberry Pi，中文名为"树莓派"，简写为 RPi，是由注册于英国的慈善组织"Raspberry Pi 基金会"专门为学生计算机编程教育而设计的，只有信用卡大小的卡片式电脑，其系统基于 Linux。今年 7 月，随着微软 Windows 10 的发布，目前也将 Windows 10 IoT Core 运行在树莓派上。

从版本上来看，树莓派早期有 A 和 B 两个型号，A 型包含 1 个 USB，无有线网络接口，其功率为 2.5W，电流为 500mA，具有 256MB RAM；B 型包含 2 个 USB，支持有线网络，其功率为 3.5W，电流为 700mA，具有 512MB RAM。2014 年 7 月和 11 月，树莓派基金会分别推出 B+和 A+两个型号，A+没有网络接口，具有 1 个 USB 接口，因此，相对于 B+来讲，A+具备了更小的尺寸设计。B+使用了和 B 相同的 BCM2835 芯片和 512MB 内存，但和前代产品相比，B+版本的功耗更低，接口也更丰富。B+版本将通用输入输出引脚增加到了 40 个，USB 接口也从 B 版本的 2 个增加到了 4 个，除此之外，B+的功耗降低了约 0.5W～1W。2015 年 2 月，树莓派基金会又发布了树莓派二代产品，采用博通 BCM2836 900MHz 四核 ARM Cortex-A7 CPU，比此前的单核 CPU 性能要强上 6 倍。运行内存 1GB，比此前 512 MB 也要扩大了一倍。由于处理器升级到 ARMv7 核心，它所支持的系统也更多，包括常规的 ARMv7 Debian 和轻量版 Snappy Ubuntu Core 等 ARM GNU/Linux 系统分支，目前还兼容旧版 NOOBS。除此之外,树莓派二代支持 Windows 10 IoT Core for Raspberry Pi,Maker 开发者社区用户可免费使用。

2013 年 8 月,英特尔和开源主板厂商 CircuitCo Electronics 合作开发的 MinnowBoard 出货,瞄准 x86 应用的开发者及希望自主组装电脑的爱好者。MinnowBoard 的价格高于树莓派等基于 ARM 或 Arduino 的开源主板,且 MinnowBoard 配备了 1GHz 主频的英特尔凌动 E640 32 位处理器、1GB DDR2 内存、HDMI 接口、千兆以太网接口、USB 接口和 Micro SD 卡插槽,支持英特尔的超线程和虚拟化技术,但是其相对于大部分 PC 价格较低,因此可以吸引编写及测试商业应用的开发者,这些应用最终将被部署至服务器、嵌入式设备和其他计算设备。2014 年 4 月,为了应对竞争对手的不断冲击,英特尔发布了支持 Linux 和 Android 的 MinnowBoard Max,售价 99 美元。该开发板在硬件上升级为 64 位双核的 Atom E3845 处理器、2GB DDR3 内存和 USB 3.0,其他和 MinnowBoard 一致。操作系统方面,MinnowBoard MAX 支持 Android 4.4、Debian Linux 和 Windows Embedded 8.1 Industry Pro 等许多操作系统。随着微软 Windows 10 的到来,MinnowBoard Max 还支持 Windows 10 IoT Core for MinnowBoard Max。

5.2 Raspberry Pi 2 和 MinnowBoard Max 的硬件资源

5.2.1 Raspberry Pi 2

由于本书关注的是 Windows IoT 开发,因此这里介绍能够运行 Windows 10 IoT Core 的 Raspberry Pi 2 相关硬件资源,如图 5-1 所示。

图 5-1　Raspberry Pi 2 接口和硬件资源

1. MicroUSB 接口

树莓派的 MicroUSB 接口用于整个板子的供电,按照官方的参考文档,没有外接设备的情况下,A 模型的板子 DC 电源输入标准为"5V 500mA",B 模型的板子 DC 电源输入标准为"5V 700mA",使用中要注意,不能选用参数低于标准的 DC 电源,否则可能毁坏整块板子。另外,树莓派可以连接最大电流为 1A 的设备,如果设备供电需求超过了 1A,那么需要给设备单独供电。如果用户连接了外设，那么电源需求就取决于使用的各种接口的供电情况。例如，GPIO 可以提供 50mA 电流（即 50mA 分布在所有的引脚上，一个独立的 GPIO 引脚最多只能使用 16mA），HDMI 端口使用 50mA，相机模块需要 250mA。用户需要根据外设供电需求来选取合适的电源适配器。

2. HDMI 接口

树莓派的 HDMI 接口支持 CEC 标准，用户可以使用带 HDMI 接口的显示器作为图形界面。另外，它没有自带 VGA 接口，但是可以通过有源的 HDMI to VGA 转换器进行转接，要注意的是，千万不要使用无源的 HDMI to VGA 转换器，无源转换器在绝大多数情况下不会工作，而且有可能导致损坏树莓派。

3. CSI 接口

通过该接口，可以连接摄像头模块，例如，Omnivision 5647。摄像头连接到了树莓派 CPU 芯片上的影像系统管道（ISP），来进行摄像头输入数据的处理，并最终转换成 SD 卡（或其他存储）上的图像或视频。相机模块能够支持高达 500 万像素（2592×1944）静止图像拍摄，并且可以录制高达 1080p 的（1920x1080x30fps）视频。

4. 音频输出接口

标准的 3.5mm 插孔，可以将音频输出到功放。另外，用户可以添加任何 USB 麦克风作为音频输入，或者使用 I2S 接口可以添加额外的音频 IO 设备。

5. 以太网接口

该接口提供有线的 RJ45 以太网接入，速度为 100M。

6. USB 接口

树莓派的 4 个 USB 接口可用于连接大多数 USB 设备，如鼠标、键盘、WiFi 网络适配器和外部存储等。

7. 外扩接口

在 Windows 10 IoT Core 中，该 40 针的外扩接口包含了 13 个专用 GPIO 引脚、一个 I2C 总线、两个 SPI 总线、两个 3.3V 电源引脚、两个 5V 电源引脚和 8 个接地引脚。另外 4 个引脚的功能保留，用户不可用，如图 5-2 所示。

8. LED 指示灯

包含两个 LED 指示灯，用于电源和程序执行状态的指示。

9. CSI 接口

该 CSI 接口用于输出，不同于 HDMI，它可以连接小尺寸的液晶显示屏，例如 TFT LCD 显示模块等，方便携带和展示。

10. SoC

树莓派 2 使用 BCM2836 替换了上一代的 BCM2835，它集成新的 ARM7 四核处理器，每个核心工作频率达到 900MHz，与原来的单核 700MHz ARM11 处理器相比，处理器的性能有相当大的飞跃。当然为了配合新的处理器，树莓派 2 的存储器增加到 1GB，工作频率为 450MHz，比原来 B+ 上的 512MB 400MHz 存储器大了一倍，速度也更快。GPU 使用了

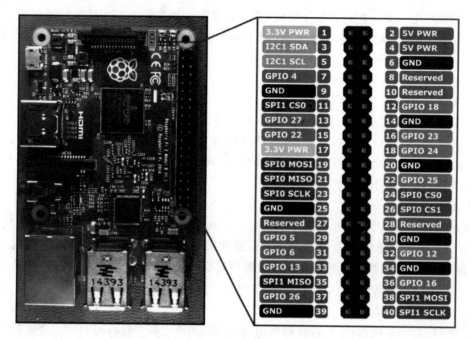

图 5-2　Raspberry Pi 2 扩展引脚映射图

VideoCore 4，兼容蓝光播放，支持 40Mbps 码流的 H.264 视频，使用 OpenGL ES2.0 和 OpenVG 库访问一个 3D 核心。

另外，在树莓派 2 的背面，集成了一个 MicroSD 卡的插槽，如图 5-3 所示。最好选择速度较快的 MicroSD 卡，如 Class10 级别的，这样有助于提高系统和程序运行的速度。

图 5-3　Raspberry Pi 2 的 MicroSD 插槽

5.2.2　MinnowBoard Max

MinnowBoard Max 的俯视图如图 5-4 所示，下面具体介绍其硬件和接口资源。

1. 电源接口

MinnowBoard Max 采用 5.5mm×2.1mm 管状封装的电源接口，输入标准为 5V，偏差为正负 0.25V。推荐使用供电能力达 2.5A 的 DC 电源，其计算依据为：USB 2.0 接口需 500mA，USB3.0 接口需要 900mA，核心芯片需要 500mA，板子上的外围器件需要 500mA，总计 2400mA。如果用户需要外接一个 SSD 硬盘，那么，需要使用供电能力达 3A 的电源。

2. 扩展引脚接口

在 Windows 10 IoT Core 中，该 26 针的外扩接口包含了 10 个专用 GPIO 引脚、两个 UART 接口、一个 I2C 总线接口、一个 SPI 总线接口、一个 3.3V 电源引脚、一个 5V 电源引脚和两个接地引脚，如图 5-5 所示。

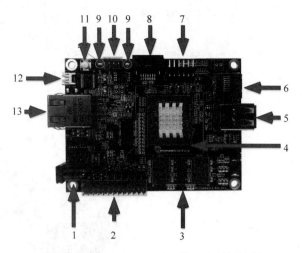

图 5-4 MinnowBoard Max 接口和硬件资源

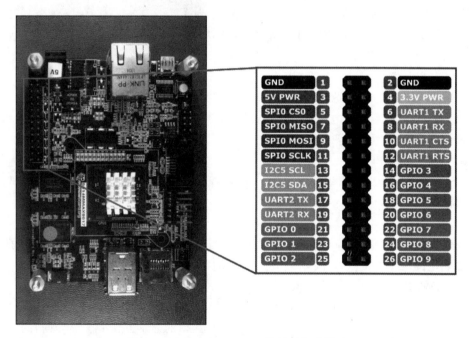

图 5-5 MinnowBoard Max 扩展引脚映射图

3. RAM

MinnowBoard Max 上板载了 1GB 的 DDR3 RAM，139 美元版本的板子集成了 2GB 的 RAM。

4. 处理器

MinnowBoard Max 采用了 Intel E3815 系列处理器，139 美元版本的板子采用的是 Intel E3825。其中，E3815 是单核 1.46GHz 主频，E3825 是双核 1.33GHz 主频。这两种处

理器都集成了 Intel HD Graphics 图形加速引擎。

5. USB 接口

MinnowBoard Max 集成了两个 USB 接口，上面的是 USB 2.0 接口，下面的是 USB 3.0 接口，两者传输数据的速度不一样。

6. MicroSD 卡接口

MinnowBoard Max 可以支持 32GB 容量的 MicroSD 卡，与树莓派一样，用户最好选择速度较快的 MicroSD 卡，如 Class10 级别的，这样有助于提高系统和程序运行的速度。

7. 串行调试接口

该串行调试接口是 TTL 电平的，如果和 PC 的串口连接，需要外接一个 TTL 转 USB 串口模块，例如 FTDI 模块。其引脚定义如图 5-6 所示。

8. SATA 接口

通过该接口可以扩展 SATA 存储，如 SSD 固态硬盘等外设，支持的传输速率达到 3Gbps。要注意的是，如果外接了 SATA 的存储设备，需要提升电源的供电电流。

图 5-6　MinnowBoard Max 板载 UART0 引脚

9. 状态指示灯

MinnowBoard Max 板载两个状态指示灯：一个是电源指示，只要连接电源，该灯就会亮起；另一个是系统运行指示灯，只要系统开始运行，该灯就会亮起。

10. 固件烧写 SPI 接口

该 SPI 接口用于烧写固件的 Boot，Dediprog 和 Flyswatter 的烧写设备已经测试过，可以用来烧写固件的 Boot。

11. 电源按钮

该按钮用于切换板子的电源状态，例如，在上电的情况下按该按钮，就会使得板子断电；相反，在断电的情况下按该按钮，则会给板子供电。

12. HDMI 接口

MinnowBoard Max 采用 Type D Micro HDMI 接口，支持 CEC 标准，用户可以使用一个 Micro HDMI to HDMI 转接头连接标准 HDMI 接口的显示器作为图形界面，同时，也可以通过有源的 HDMI to VGA 转换器进行转接，与 VGA 接口的显示器连接。要注意的是，千万不要使用无源的 HDMI to VGA 转换器，无源转换器在绝大多数情况下不会工作，而且有可能导致板子的损坏。

13. G 比特以太网接口

MinnowBoard Max 使用了 Realtek RTL8111GS-CG 系列以太网芯片，能够适应 10/100/1000 Mbps 速度的网络连接。

另外，板子背面还集成了 60 针高速扩展引脚。

5.3 MinnowBoard Max 的固件更新

安装固件更新很重要，特别是刚刚从淘宝买来的 MinnowBoard Max，用户必须更新其固件才能运行最新的 Windows 10 IoT Core。不然，仅仅将 Windows 10 IoT Core 烧写入 SD 卡，放到 MBM 上面，是无法运行系统的。下面介绍固件更新的整个过程。

首先，到 Intel 的官网下载最新的固件[3]，笔者写稿时为 0.81-Release 版本。然后，将其中的两个 .efi 和 .bin 文件复制到 FAT 格式的 U 盘，如图 5-7 所示。

图 5-7　固件更新文件

给 MBM 连接键盘、显示器和电源，插入 U 盘，上电以后，如果一切正常，可以在显示器上看到 UEFI 的命令行。之后，在命令行中分别输入以下命令。

（1）fs0：该命令是进入 USB 存储所在的目录，如果连接了多个存储设备，那么命令中的数字可能需要根据实际情况改变。

（2）ls：用于查看并确认 USB 存储中是否有 MinnowBoard.MAX.FirmwareUpdateIA32.efi 和 MinnowBoard.MAX.I32.081.R01.bin 这两个文件存在，如图 5-8 所示。

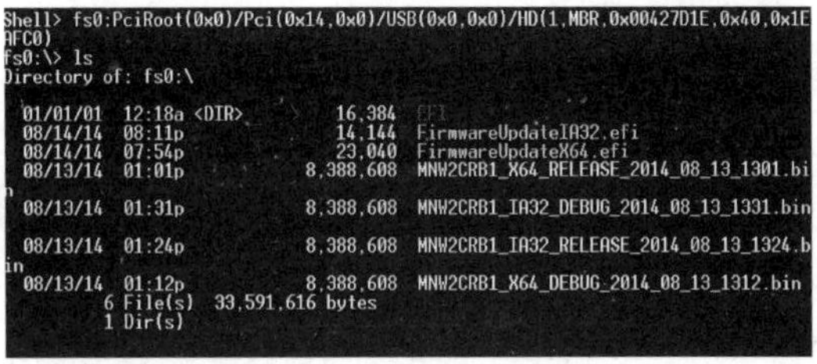

图 5-8　查看 USB 存储的文件列表

（3）MinnowBoard.MAX.FirmwareUpdateIA32.efi MinnowBoard.MAX.I32.081.R01.bin：该命令用于最终的固件更新，注意在固件更新过程中，确保电源的连接，如图 5-9 所示。

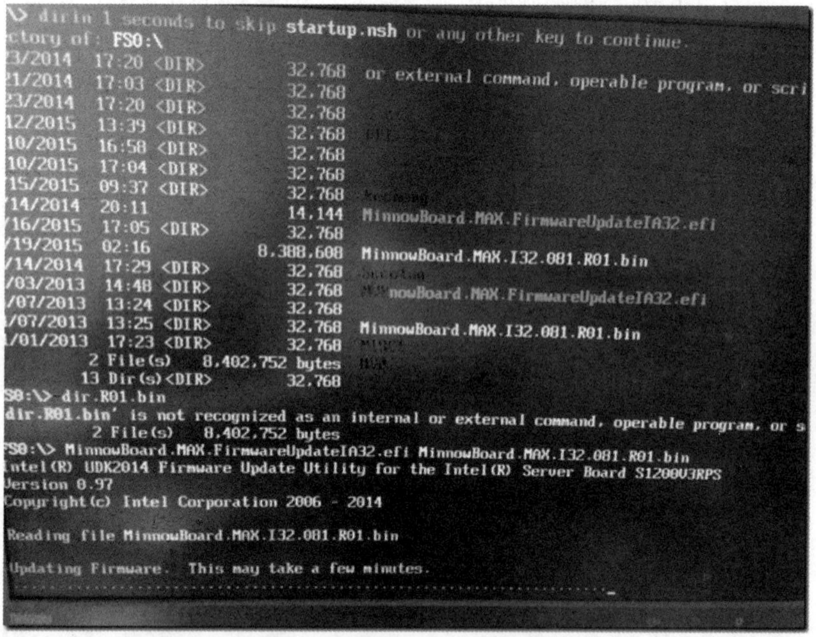

图 5-9 固件更新显示界面

之后，系统会更新固件，且在固件更新完毕以后，自动关机。

5.4 Windows 10 IoT Core 开发环境搭建

5.4.1 硬件准备

需准备的硬件如下。

（1）运行 Windows 10 PC 系统的电脑一台。

（2）Raspberry Pi 2/Minnow Board Max 一块。

（3）电源，包括 Minnow Board MAX 需要的 5V 直流电源，如果使用 MicroHDMI-VGA 转接口，还需要准备转接模块的电源。

（4）Class10 级速度的 8Gb MicroSD 卡一张，速度更快容量更大的当然更好，用于 Windows 10 IoT Core 的烧录。

（5）显示设备。因为 Minnow Board 自带 MicroHDMI 接口，所以，如果已经有 HDMI 接口的显示器，请准备一个 MicroHDMI 转 HDMI 的转接头和一根 HDMI 线。如果是 VGA 接口的显示器，请准备一个 MicroHDMI 转 HDMI 的转接头和一个有源的 HDMI 转

VGA 模块。注意，HDMI 转 VGA 模块一定要使用有源的，无源的模块可能导致显示设备无法正常显示。

（6）以太网线一根，用于 Windows 10 IoT Core 设备的联网与调试。

（7）路由器一个，用于开发机与 Windows 10 IoT Core 设备的联网。

（8）USB 鼠标和 USB 键盘各一个，用于 Windows 10 IoT Core 设备的设置。

（9）如果用 Minnow Board Max，那么还需要 U 盘一个，用于更新 Minnow Board Max 的固件。

5.4.2 硬件连接

硬件连接的具体要求如下。

（1）连接一个 USB 接口的键盘到 Windows 10 IoT Core 设备。

（2）连接显示设备。如果是 Minnow Board Max，将 MicroHDMI 转 HDMI 接口的转接头插入图 5-4 的 12 接口中，另一端连 HDMI 接口的显示器，或者是连有源的 HDMI 转 VGA 的模块，再连接到 VGA 接口的显示器。如果是 Raspberry Pi 2，则是直接连接 HDMI 接口的显示器，或者是连接有源的 HDMI 转 VGA 的模块，再连接到 VGA 接口的显示器。

（3）用网线连接以太网接口，另一端接在与开发机相同网段的路由器上。

（4）连接 5V 的直流电源，供电能力最好在 3A 左右。

5.4.3 烧写 Windows 10 IoT Core 镜像文件

1. 预览版本镜像文件的烧写

如果用户想要烧写预览版本的镜像，其步骤如下。

（1）使用 LiveID 注册 Windows Embedded Pre-Release Programs[4]，在下载页面中选择对应的文件，本书以 "Windows 10 IoT Core Insider Preview Image for MinnowBoard MAX" 为例，如图 5-10 所示。

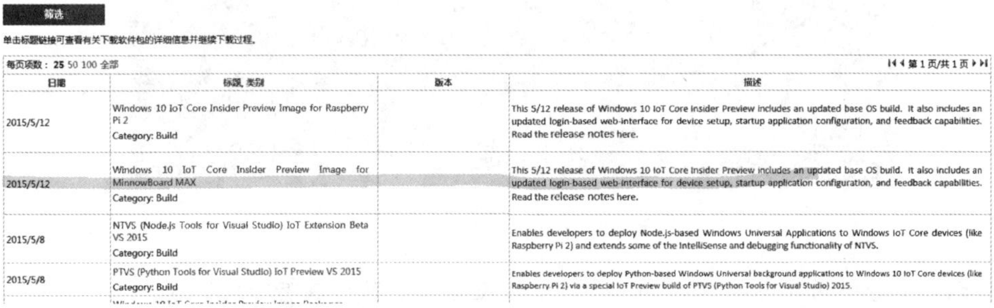

图 5-10 Windows 10 IoT Core Insider Preview Image 下载页面

（2）下载 "Windows 10 IoT Core Insider Preview Image for MinnowBoard MAX"，解压其中的 .ffu 文件到 C 盘根目录（如图 5-11 所示），以备后用。

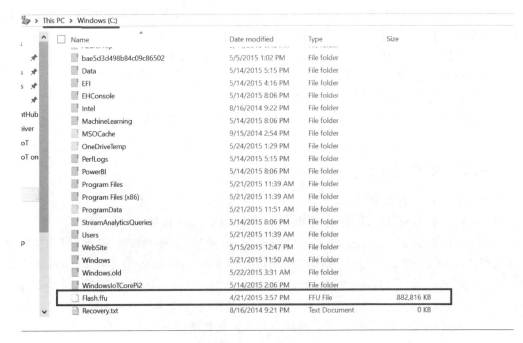

图 5-11　解压 flash.ffu 文件

（3）将 MicroSD 卡插入读卡器，并将读卡器插入 PC，在命令行工具中，使用 diskpart 和 listdisk 命令获取 MicroSD 卡的 PhysicalDrive 属性，如图 5-12 所示。

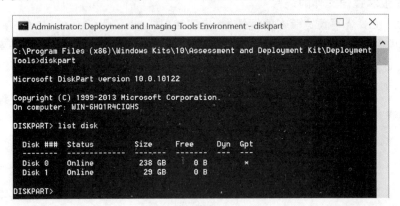

图 5-12　执行 diskpart 命令

提示：笔者使用的电脑只有一个 C 盘，插入的读卡器的盘符为 Disk1。

（4）用管理员权限打开 Deploymentand Imaging Tools Environment 工具，定位到 ffu 文件所在的目录，运行以下命令：

dism.exe/Apply – Image/ImageFile:flash.ffu/ApplyDrive:\\.\PhysicalDriveN/SkipPlatformCheck

其中,"PhysicalDriveN"中的"N"用实际的盘符号代替,笔者以 C 盘根目录为例,如图 5-13 所示。

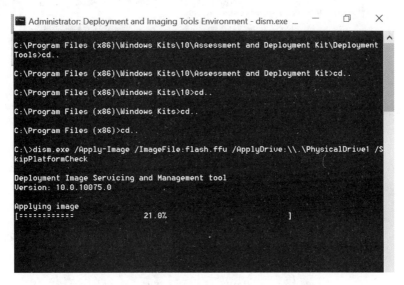

图 5-13　Windows 10 IoT Core 系统镜像烧录

烧写镜像完毕以后,原来的 MicroSD 卡变成了一个系统盘,盘符名称为"MainOS",而且容量也发生了变化,如图 5-14 所示。

图 5-14　Windows 10 IoT Core 系统盘符

2. RTM 版本镜像文件的烧写

微软在 2015 年 7 月 29 日发布了桌面版本的 Windows 10,提供用户下载并更新系统。于此同时,微软也开放了 Windows 10 IoT Core 的 RTM 版本下载。针对树莓派的 Windows 10 IoT Core RTM 下载地址为参考链接[5],针对 MinnowBoard MAX 的 Windows 10 IoT Core RTM 下载地址为参考链接[6]。

和预览版不同的是,在 RTM 版本中,用户无须在命令行里执行各种命令来烧写系统镜像了。微软提供了一个图形化的工具来方便这个烧写流程,由于笔者使用的是 MinnowBoard MAX,下面就以该设备为例,描述其过程。

（1）加载之前下载的 RTM 包，开始安装，如图 5-15 所示。

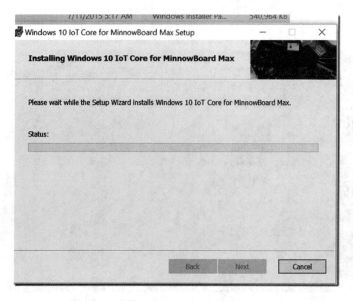

图 5-15　安装 Windows 10 IoT Core RTM

安装完成以后，提示所有的文件存放的目录，如图 5-16 所示。

图 5-16　Windows 10 IoT Core RTM 安装完成

（2）导航到该目录，可发现比上一个版本的工具多了 IoTCoreImageHelper 文件和 FFU 等文件夹，如图 5-17 所示。

（3）运行 IoTCoreImageHelper，开始烧写镜像，如图 5-18 所示。

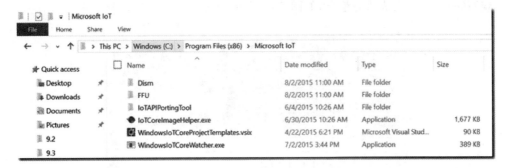

图 5-17　Windows 10 IoT Core RTM 软件工具

图 5-18　IoTCoreImageHelper 运行界面

系统会自动检测当前的 USB 存储，选择其中的 SD 卡所在的盘符，并且选择需要烧写的镜像，这里使用的是 Minnow Board MAX 的 Windows 10 IoT Core Image。

（4）单击 Flash 按钮以后，开始烧写，并且显示进度，如图 5-19 所示。

图 5-19　Windows 10 IoT Core RTM 系统镜像烧写

烧写完毕后,弹出成功的消息,如图 5-20 所示。

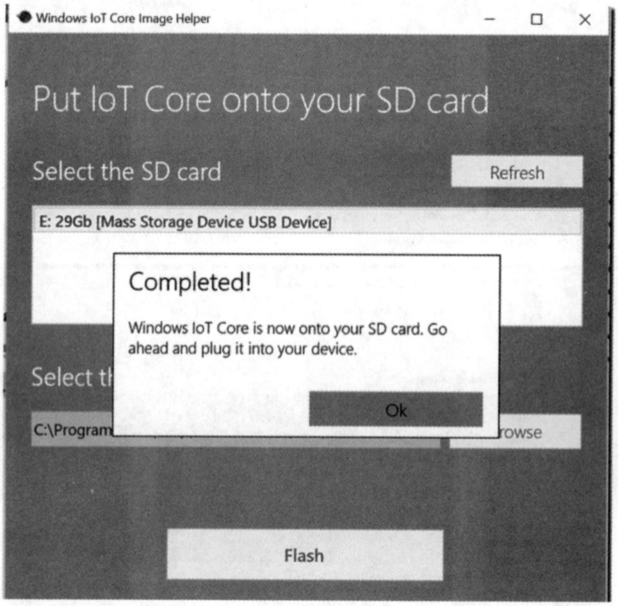

图 5-20　Windows 10 IoT Core RTM 系统镜像烧写成功提示

（5）将 SD 卡从 USB 中取出,插入 Minnow Board MAX 的 SD 卡槽中,完成了系统镜像的烧写。

5.5　设置 Minnow Board MAX 的 BIOS

如果用户使用的是 Minnow Board MAX,还需要配置其 BIOS 才能正常运行 Windows 10 IoT Core。具体过程如下。

（1）将烧写好系统的 MicroSD 卡插入 Minnow Board MAX 板子的 MicroSD 卡插槽,接入 USB 键盘和显示接口。

（2）给 Minnow Board MAX 上电,Boot 时,按 F2 键,进入 BIOS 设置。

（3）依次选择"Manager→System Setup→South Cluster Configuration→LPSS & SCC Configuration"命令,该页面设置如下,按 F10 键保存更改。
- 设置 LPSS & SCC Device Mode 为 ACPI Mode。
- 设置 DDR50 Capability Support for SDCard 为 Disable。
- 设置 ACPI Reporting MMC/SD As 为 Non-Removable。

显示界面如图 5-21 所示。

（4）导航到"Boot Mainenance Manager→Boot Options→Change Boot Order",更改 Boot 的顺序,使得 EFI Misc Device 放在首位,按 F10 键保存更改,如图 5-22 所示。

第5章　初识Raspberry Pi 2和MinnowBoard Max

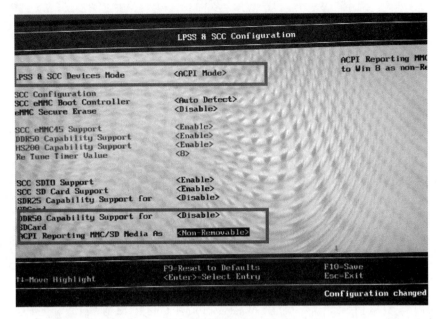

图 5-21　BIOS 配置

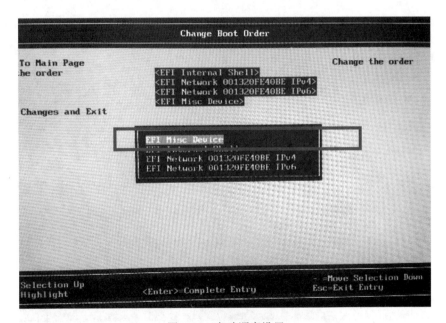

图 5-22　启动顺序设置

然后退回到 Boot 页面，重启设备。第一次启动会花费较多时间，启动完成以后，进入的界面如图 5-23 所示。

进行简单的语言设置以后，进入默认的应用界面，如图 5-24 所示。

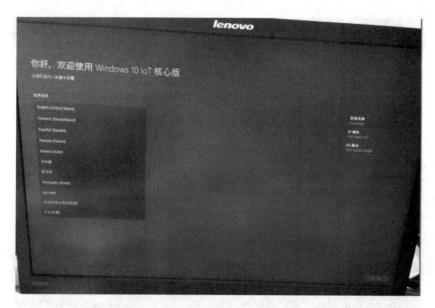

图 5-23　第一次启动 Windows 10 IoT Core RTM 的界面

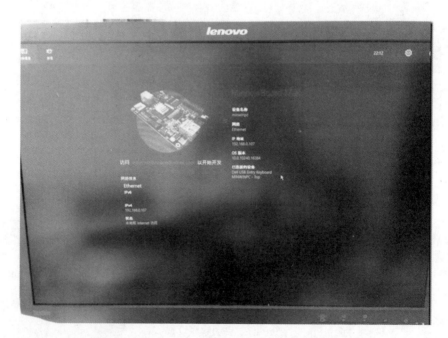

图 5-24　Windows 10 IoT Core RTM 默认的应用界面

默认应用界面显示了设备的名称、连接的网络类型、IP 地址、操作系统版本和连接的外设信息。另外，RTM 版本里面加入了串口、摄像头、蓝牙和 WiFi 的支持，功能更加全面。

5.6 动手练习

1. 参考 5.4.1 节，准备好所有的开发 Windows 10 IoT Core 需要的硬件和开发板模块。

2. 在动手练习 1 的基础上，参考 5.4 节的内容，完成 Windows 10 IoT Core 系统镜像文件的烧写。注意，如果是 MinnowBoard MAX，需要参考 5.3 节，下载最新的固件更新软件，并通过 PC 完成固件更新。同时，还需要参考 5.5 节完成 BIOS 的设置。

参考链接

[1] http://www.raspberrypi.org/
[2] http://www.minnowboard.org/
[3] http://firmware.intel.com/projects/minnowboard-max
[4] https://connect.microsoft.com/windowsembeddediot/SelfNomination.aspx?ProgramID=8558
[5] http://download.microsoft.com/download/8/C/B/8CBE5D09-B5C5-462B-8043-DAC64938FDAC/IOT%20Core%20RPi.ISO
[6] http://download.microsoft.com/download/D/E/C/DEC8E8BC-C870-4033-B92D-6A4AEF5ED82D/IOT%20Core%20MBM.ISO

第 6 章 Windows 10 IoT Core 配置和开发工具

通过第 5 章内容的学习,开发者已经完成了开发环境的搭建。本章将带领大家学习如何使用 PowerShell、SSH、Windows IoT Core Watcher 和基于网页的设备管理等工具,与 Windows 10 IoT Core 设备进行交互,同时详细讲解了 Windows 10 IoT Core 设备可以运行的命令,以及移植工具 API Porting Tool 的使用。

6.1 设置开发者模式

在面向 Windows 10 的设备应用开发中,developer license 和以往有所不同,即不再需要为每台开发设备进行解锁,而是在设备中进行简单的设置即可。而且,对于开发环境 Visual Studio,也不需要每隔 30 天或 90 天对 developer license 进行更新。

在 Windows 10 的设备中使用 Visual Studio 开发面向 Windows 8.1 或者 Windows 10 的应用程序,会弹出如图 6-1 所示的对话框。

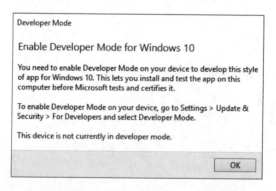

图 6-1 Windows 10 允许开发者模式对话框

在这种情况下,就需要对 Windows 10 desktop、平板或者手机等设备进行相关的设置。一般情况下,设备可以设置为 for development 或 sideloading 这两种模式。其中,sideloading 是指安装并且运行未通过 Windows Store 认证的应用,例如企业内部使用的应用。

1. 启用 Windows 10 for PC 的开发者模式

在"Settings→Update & Security"中,选中 For developers,如图 6-2 所示。

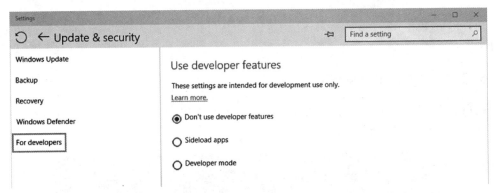

图 6-2　启用 Windows 10 for PC 的开发者模式

然后选择用户需要的开发者模式,其中,Developer mode 也允许用户进行应用的 sideloading。

2. 启用 Windows 10 for Mobile 的开发者模式

在手机的"Settings→Update & Security"中,选中 For developers,如图 6-3 所示。

图 6-3　启用 Windows 10 for Mobile 的开发者模式

然后选择用户需要的开发者模式,其中,Developer mode 也允许用户进行应用的 sideloading。

6.2　使用 PowerShell 连接并配置设备

用户可以使用 Windows PowerShell 工具对 Windows 10 IoT Core 设备进行远程配置和管理。

6.2.1　建立 PowerShell 会话

用户需要在开发机和设备之间建立信任关系。在启动 Windows10 IoT Core 设备以后，可以看到设备的 IP 地址，如图 6-4 所示。

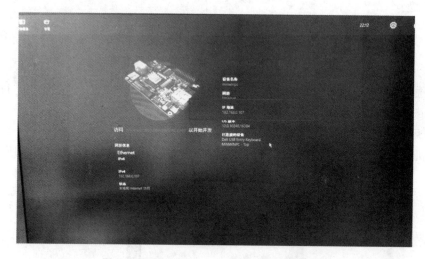

图 6-4　Windows 10 IoT Core 默认应用界面

另外，也可以在 Windows IoT Core Watcher 中找到设备的 IP 地址，如图 6-5 所示。

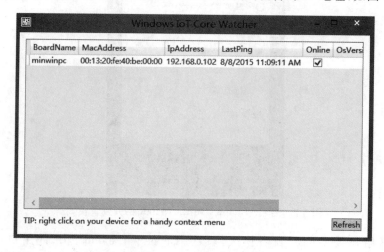

图 6-5　Windows IoT Core Watcher 对话框

在开发机上以管理员权限运行 PowerShell,如图 6-6 所示。建立连接的具体步骤如下。

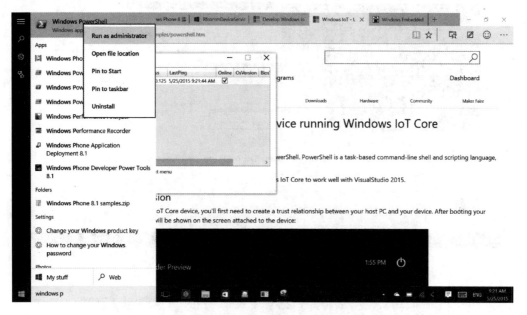

图 6-6　以管理员权限运行 PowerShell

(1) 在 PS 控制台输入以下命令,确保 PC 机已经运行 WinRM service:

PS C:\> net start WinRM

(2) 在 PS 控制台输入以下命令,设置目标机器为信任设备:

PS C:\> Set-Item WSMan:\localhost\Client\TrustedHosts -Value <machine-name or IP Address>

其中,<machine-name or IP Address>用设备名称或 IP 地址代替。

(3) 为了回避已经发现的客户端的一个 Bug,输入以下命令:

PS C:\> remove-module psreadline -force

(4) 发起一个与 Windows IoT Core 设备的 Session,输入以下命令:

PS C:\> Enter-PsSession -ComputerName <machine-name or IP Address> -Credential <machine-name or IP Address or localhost>\Administrator

其中的<machine-name or IP Address>用设备名称或 IP 地址代替。

(5) 在弹出的对话框中,输入默认的密钥:p@ssword,如图 6-7 所示。

注意:发起连接的 Session 可能需要 30 秒或者更长的时间。

建立连接之后,PS 的路径已经切换到对应的 IoT 设备上,如图 6-8 所示。

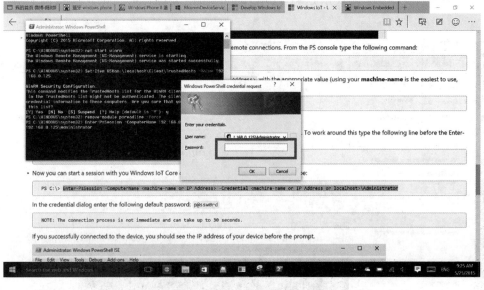

图 6-7　用户名和密码输入对话框

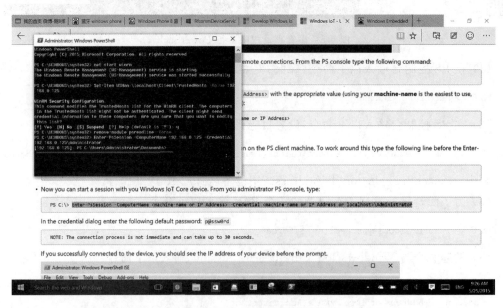

图 6-8　PowerShell 成功建立连接

6.2.2　远程配置 Windows 10 IoT Core 设备

为了能够成功从 Visual Studio 2015 向 Windows 10 IoT Core 设备部署程序,需要确保 Windows 10 IoT Core 设备的 Visual Studio Remote Debugger 处于运行状态。一般情况

下，Visual Studio Remote Debugger 会开机自启动。为了确保其处于运行状态，可以在 PowerShell 和 Windows 10 IoT Core 设备建立连接后，使用 tlist 命令查看正在运行的所有进程。如果 Visual Studio Remote Debugger 运行正常，可以看到两个正在运行的 msvsmon.exe 实例，如图 6-9 所示。

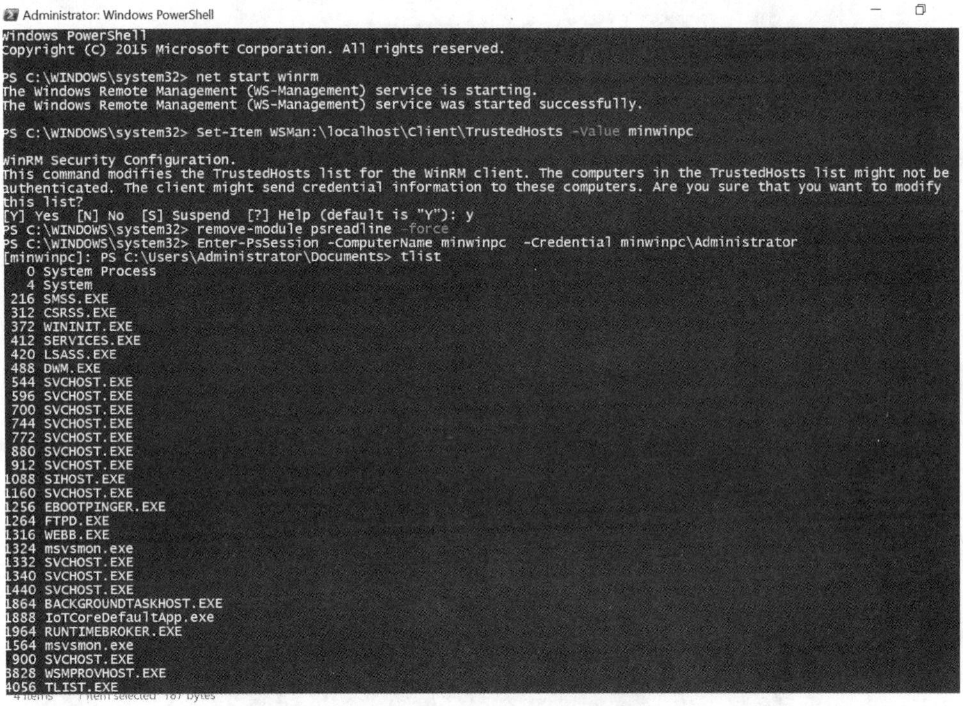

图 6-9　执行 tlist 命令

如果 Visual Studio Remote Debugger 长时间未被使用，有可能导致开发机的 Visual Studio 无法连接 Windows IoT Core 设备，出现这种情况时，请重启 Windows IoT Core 设备。关闭设备的命令为：

shutdown /r /t 0

更多命令请参考 6.4 节。

6.3　使用 SSH 连接并配置设备

除了使用 Windows 自带的 PowerShell，用户还可以使用第三方工具与 Windows 10 IoT Core 建立 SSH 连接，下面以 PuTTY[1] 为例，介绍使用 SSH 连接并配置设备的方法。

首先，需要知道 Windows 10 IoT Core 设备的 IP 地址。关于 IP 地址的获取，可以参考 6.2.1 节，里面详细描述了两种方法。

接着，运行 PuTTY，分别输入 IP 地址，选择 SSH 作为连接类型，使用默认的 22 端口号，单击 Open 按钮开始连接，如图 6-10 所示。

图 6-10　PuTTY 运行对话框

如果是第一次连接，软件会弹出一个安全警告，单击"是"按钮就可以了，如图 6-11 所示。

图 6-11　安全警告

然后在 PuTTY 连接中输入以下信息：

```
login as: Administrator
password: p@ssw0rd
```

用户名和密码输入界面如图 6-12 所示。

图 6-12　用户名和密码输入界面

登录成功以后，PuTTY 界面会提示目标 Windows 的操作系统版本，并默认处于 C 盘根目录，如图 6-13 所示。

图 6-13　PuTTY 连接成功界面

之后，用户可以使用命令行的方式来配置设备，有关具体的命令，可以参考 6.4 节。

6.4 命令行 Command Line Utils 汇总

如何使用 PowerShell 工具来配置 Windows IoT Core 设备呢？用户可以在连接设备以后使用下面的命令。

1. 修改管理员账户密码

建议用户修改系统管理员账户的默认密码，其格式如下：

net user Administrator [new password]

其中，[new password]代表新密码。

2. 创建本地账户

除了管理员账户以外，如果需要授权给其他用户登录 Windows IoT Core 设备，可以创建本地账户，其格式如下：

net user [username] [password] /add

如果希望把该账户添加到其他组，比如 Administrator 组，那么可以使用如下命令：

net localgroup Administrators [username] /add

3. 修改密码

如果用户需要修改密码，可以使用如下的命令格式：

SetPassword [account-username][new-password] [old-password]

4. 获取/修改设备名称

如果用户想要查看当前设备的名称，可以使用如下命令：

Hostname

如果用户想要修改当前设备的名称，可以使用如下命令：

SetComputerName [new machinename]

注意：为了使得修改的设备名称生效，需要重启设备。

5. 网络配置命令

很多基本的网络配置命令在 Windows IoT Core 设备中是可以使用的，包括 ping.exe、netstat.exe、netsh.exe、ipconfig.exe、nslookup.exe、tracert.exe 和 arp.exe。

6. 复制命令

如文件传输命令 sfpcopy.exe，复制文件、目录树及目录下文件的命令 xcopy.exe。

7. 进程管理命令

为了查看当前运行的进程，可以使用 get-process 或者是 tlist.exe 命令。为了停止一个正在运行的进程，可以使用 kill.exe [pid or process name]。

8. 应用管理命令

使用 startup 编辑器来配置和管理 Windows IoT Core 设备上的应用。其格式和功能如下：

- IotStartup list：显示所有已安装的应用。
- IotStartup list headed：显示所有已安装的 headed 模式的应用。
- IotStartup list headless：显示所有已安装的 headless 模式的应用。
- IotStartup list [MyApp]：显示已安装的、且名字与 MyApp 匹配的应用。
- IotStartup add：添加 headed 和 headless 模式的应用。
- IotStartup add headed [MyApp]：添加名字与 MyApp 匹配的、headed 模式的应用。
- IotStartup add headless [Task1]：添加名字与 Task1 匹配的、headless 模式的应用。
- IotStartup remove：删除 headed 和 headless 模式的应用。
- IotStartup remove headed [MyApp]：删除名字与 MyApp 匹配的、headed 模式的应用。
- IotStartup remove headless [Task1]：删除名字与 Task1 匹配的、headless 模式的应用。
- IotStartup startup：显示所有开机自启动的 headed 和 headless 模式的应用。
- IotStartup startup [MyApp]：显示名字与 MyApp 匹配的、开机自启动的 headed 和 headless 模式的应用。
- IotStartup startup headed [MyApp]：显示名字与 MyApp 匹配的、开机自启动的 headed 模式的应用。
- IotStartup startup headless [Task1]：显示名字与 Task1 匹配的、开机自启动的 headless 模式的应用。
- IotStartup help：获得 IotStartup 相关的帮助。

9. 设置 headed 和 headless 模式

Windows IoT Core 设备可以设置为 headed 模式（具有图形显示能力）和 headless 模式（不具备图形显示能力），通过如下命令可以更改其设置：

setbootoption.exe [headed→headless]

注意：更改该设置以后，需要重启设备来使更改生效。

10. 任务计划程序

为了查看当前的任务计划，可以使用 schtasks.exe 命令，包括添加"/Create 参数"创建新计划任务，添加"/Run 参数"立即运行计划任务。

11. 设备驱动

为了查看和管理已安装的设备和驱动，可以使用"devcon.exe/?"命令。

12. 获取注册表

为了查看并且修改注册表设置，可以使用"reg.exe/?"命令。

13. Windows 服务

可以使用 net.exe 命令来管理 Windows 服务,例如,使用 net start 来查看正在运行的服务列表,使用 net [start | stop] [service name] 来启动或者停止以 servicename 命名的服务。或者,也可以通过 sc.exe 通过命令调用服务控制管理器来实现。

14. 设置 Boot 配置

为了配置 Windows IoT Core 设备的 Boot,可以使用 bcdedit.exe 命令。例如,可以使用 bcdedit -set testsigning 命令开启 testsigning。

15. 关闭/重启设备

为了关闭设备,可以使用 shutdown /s /t 0 命令。为了重启设备,可以使用 shutdown /r /t 0 命令。

16. 显示 NT Services

使用 ListServices 命令来显示当前设备运行的所有 NT Services。

17. 设置显示分辨率

为了设置 Windows IoT Core 设备的显示分辨率,可以使用 SetDisplayResolution [width] [height] 命令。为了查询显示分辨率,可以使用 SetDisplayResolution 命令。

6.5 使用 API 移植工具 API Porting Tool

已有成熟的应用程序或者类库的用户或许会有这样一个问题,已有的应用或者类库可以在 Windows 10 IoT Core 上正常运行吗?如果无法运行,是否有可以替代的 API 使用。因此,为了满足这个需求,用户可以考虑使用 Windows 10 IoT Core API Porting Tool,它可帮助用户将当前的 Win32 应用移植到 Windows IoT Core。

下面介绍其使用方法。

在安装 WindowsDeveloperProgramforIoT.msi 以后,用户可以在"C:\Program Files (x86)\Microsoft IoT"目录找到 IoTAPIPortingTool 文件夹,如图 6-14 所示。

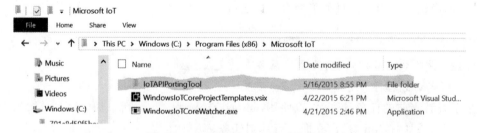

图 6-14　IoTAPIPortingTool 文件夹

如何使用该工具呢?首先,用户需要将待移植的应用程序 .exe 文件或者 .dll 库文件复制到本地的一个目录下,然后运行如下命令:

C:\Program Files (x86)\Microsoft IoT\IoTAPIPortingTool.exe <path> [-os]

其中，<path>是应用程序或库文件所在的路径。关于-os 参数，如果用户没有计划将应用移植为 UWP，那么就需要指定 os 类型。默认情况下，该工具认为用户需要将应用或类库移植为 Windows UWP 类型。

注意：IoTAPIPortingTool.exe 文件必须从 VisualStudio Developer Command Prompt 中运行。可以在搜索中输入 developer，在弹出的列表中选择 Developer Command Prompt for 2015，以管理员方式运行。如图 6-15 所示。

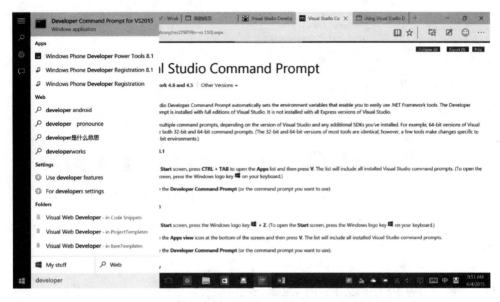

图 6-15　运行 IoTAPIPortingTool.exe 文件

示例：笔者将一个编译好的针对 Galileo Gen 2 的应用程序复制到路径"C:\GalileoEventHub"，然后在 Developer Command Prompt for 2015 中运行如下命令：

IoTAPIPortingTool.exe C:\GalileoEventHub\ GalileoEventHub.exe

得到的结果如图 6-16 所示。

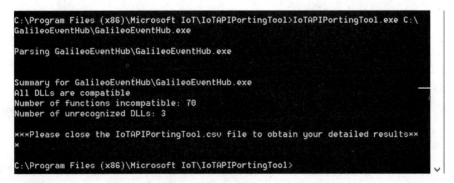

图 6-16　运行 IoTAPIPortingTool.exe 的结果

从提示信息中可以看到,该工具在 IoT 目录下生成一个 .csv 文件,详细信息可以使用 Excel 打开该文件查看,如图 6-17 所示。

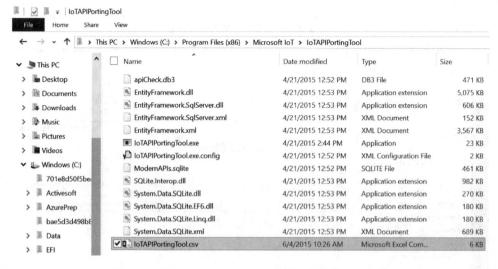

图 6-17　运行 IoTAPIPortingTool.exe 生成的 .csv 文件

注意：一定要以管理员权限打开 Developer Command Prompt for 2015,否则将无法生成 .csv 文件。

6.6　基于网页的设备管理工具

基于网页的设备管理工具除了提供基本的 Windows 10 IoT Core 设备配置和管理功能以外,还提供了故障诊断和实时性能分析工具。运行网页设备管理工具的前提条件就是将 Windows 10 IoT Core 设备接入本地的局域网,这样,开发者就可以通过浏览器进行访问。

首先,需要知道 Windows 10 IoT Core 设备的 IP 地址。关于 IP 地址的获取,可以参考 6.2.1 节,里面详细描述了两种方法。

6.6.1　连接基于网页的设备管理工具

打开浏览器,输入设备的 IP 地址,如图 6-18 所示。

打开基于网页的设备管理器,显示其主界面,如图 6-19 所示。

另外,也可以通过 Windows IoT Core Watcher 工具打开基于网页的设备管理器界面,具体方法是,用鼠标选中设备,单击鼠标右键,从弹出的菜单中选择 Web Browser Here 命令。

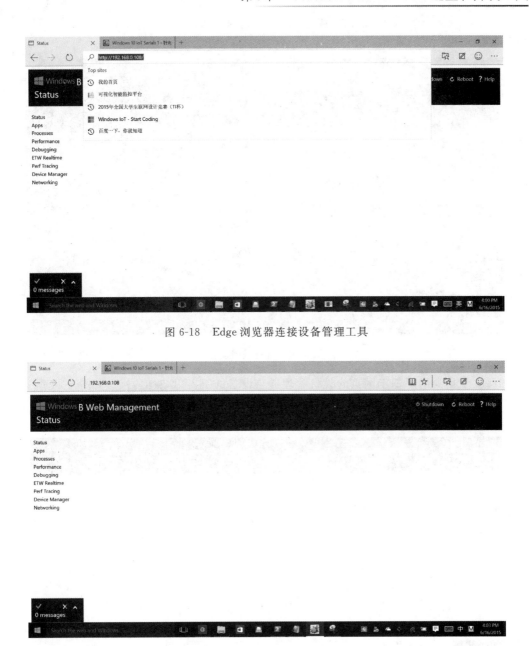

图 6-18　Edge 浏览器连接设备管理工具

图 6-19　设备管理工具主界面

6.6.2　顶部工具栏

顶部工具栏包含 Shutdown、Reboot 和 Help 三个工具，分别用于关闭设备、重启设备和提供帮助信息。用户单击 Shutdown 和 Reboot 时，应用会弹出消息框，如图 6-20 所示，提醒用户进行确认，特别是对于 Shutdown 操作，因为如果用户远程关闭了设备，就无法远程启动了。

图 6-20　远程关闭设备

Help 工具列出了基于网页的设备管理器与设备的 HTTP 通信协议，如图 6-21 所示。

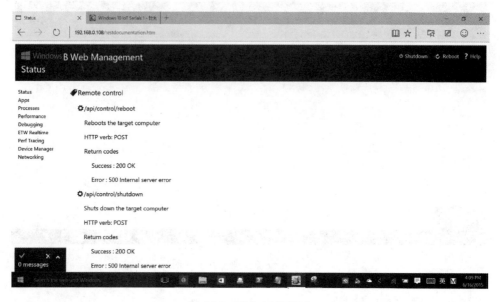

图 6-21　Help 工具界面

6.6.3　侧面工具栏

侧面工具栏有 9 个工具，具体介绍如下。

1. Apps 工具

Apps 工具提供了安装/卸载 AppX 应用程序包和程序集的功能，如图 6-22 所示。

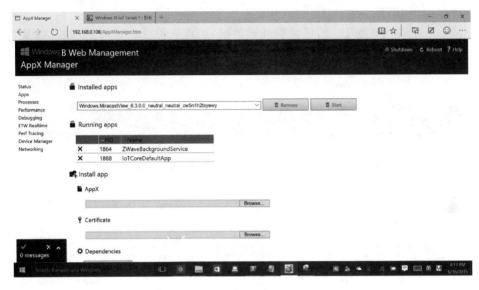

图 6-22　Apps 工具界面

其中的 Installed apps 罗列了已经安装的应用程序，如图 6-23 所示。

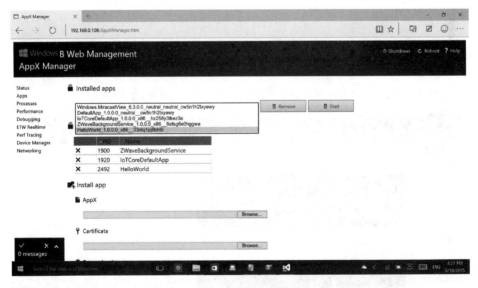

图 6-23　Installed apps

注意：开发者需要在 Visual Studio 中将 Package.appxmanifest 文件中的＜Identity＞属性进行修改，以 HelloWorld 为例，将默认的 GUID 修改为 HelloWorld，这样，在 Installed apps 中，显示的内容才会以"HelloWorld"字符为起始，以版本号和目标平台为结束。

Running apps 显示了正在运行的应用程序，通过 Install app，用户可以安装已经编译好的应用程序安装包。

2. Processes 工具

Processes 工具与桌面 PC 的任务管理器类似，展现当前正在运行的进程，以及各自所占用的资源。用户可以单击 X 来结束目标进程，如图 6-24 所示。

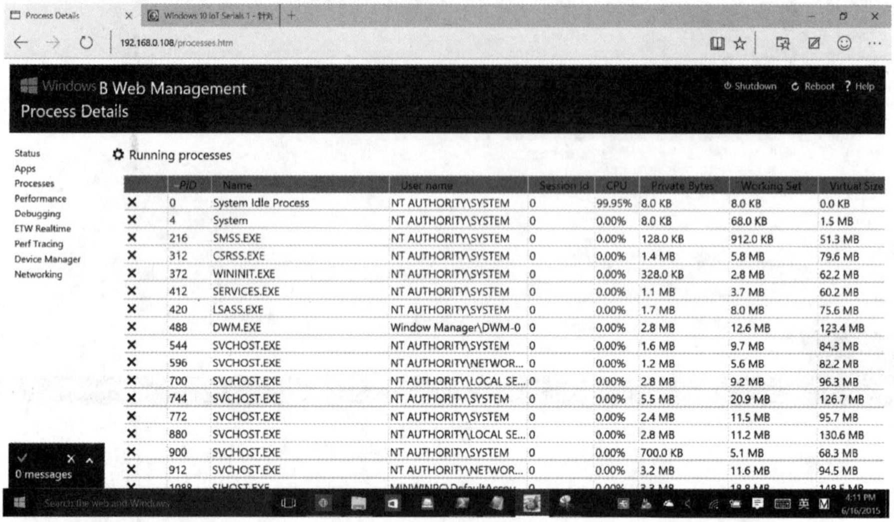

图 6-24　正在运行的进程

3. Performance 工具

Performance 工具用于显示 CPU、I/O 和内存的实时性能，如图 6-25 所示。

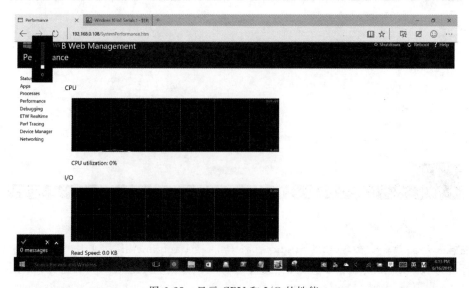

图 6-25　显示 CPU 和 I/O 的性能

4. Debugging 工具

Debugging 工具用于下载 kernel dump 文件,设置 kernel Crash,如图 6-26 所示。

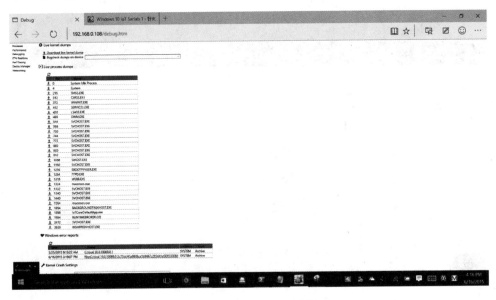

图 6-26　Debugging 工具界面

5. ETW Realtime 工具

ETW Realtime 工具提供实时事件的追踪功能,如图 6-27 所示。

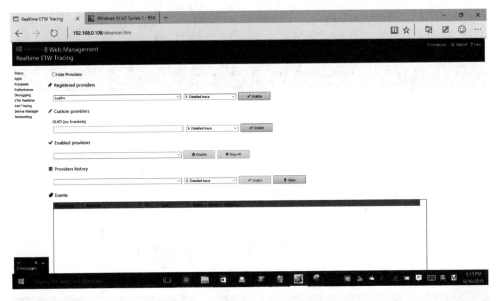

图 6-27　ETW Realtime 工具界面

6. Perf Tracking 工具

Perf Tracking 工具提供应用的性能追踪功能，如图 6-28 所示。

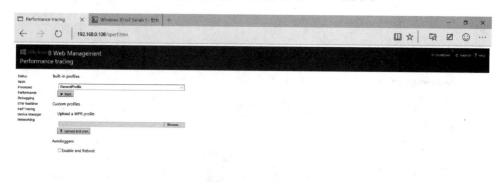

图 6-28　Perf Tracking 工具界面

7. Device Manager 工具

Device Manager 工具类似于 PC 的设备管理器，罗列 IoT 设备的所有外设，如图 6-29 所示。

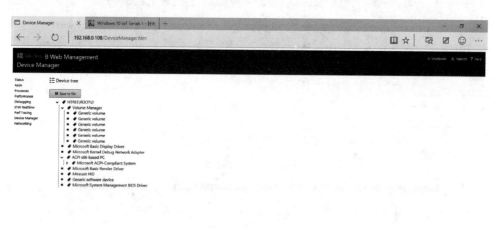

图 6-29　Device Manager(设备管理器)工具界面

单击 Save to file 选项，可以将包含设备管理器信息的 DeviceTree.txt 文档下载到本地，如图 6-30 所示。

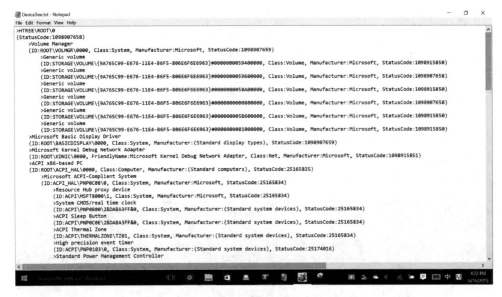

图 6-30　下载的设备信息

8. Networking 工具

Networking 工具用于显示设备的网络配置信息，如图 6-31 所示。

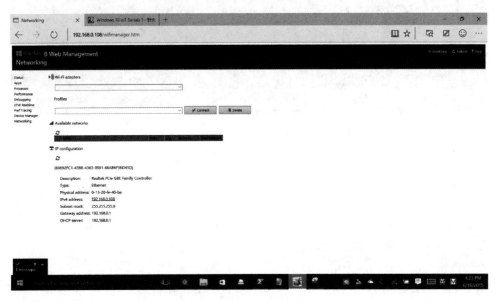

图 6-31　设备网络连接信息

6.7 设置应用为开机自启动模式

在 Windows 10 IoT Core 设备中,可以设置开机自启动的应用程序,使得 Windows 10 IoT Core 设备启动时,该应用程序自动运行。下面以 Hello World 应用程序为例,描述具体的设置过程。

(1) 使用 PowerShell 与 Windows IoT 设备建立 Session,具体可以参考 6.2 节。

(2) 在 Visual Studio 中,确保已经修改了工程的 Package.appxmanifest 文件,主要是关于其中的<Identity>属性,因为部署到设备中以后,该应用以<Identity>属性+版本号+目标平台命名,而<Identity>默认属性是 GUID,所以可以将其修改为"HelloWorld",如图 6-32 所示。

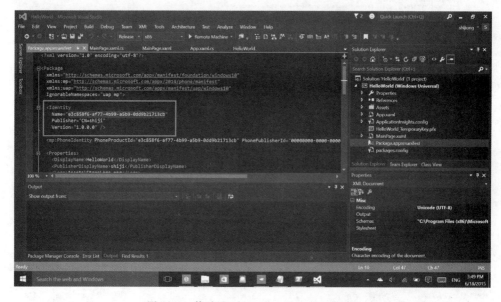

图 6-32　修改 Package.appxmanifest 文件

(3) 登录基于网页的设备管理器界面(参考 6.6 节),查看 Apps 界面的内容,确保其已经在安装的应用程序列表中,如图 6-33 所示。

(4) 在建立的 PowerShell Session 中,输入命令:iotstartup list HelloWorld。

这时,开发者可以通过 PowerShell 看到 HelloWorld 应用程序的全名(和上面的 Appx 中看到的名称相同),如图 6-34 所示。

(5) 再输入命令:iotstartup add headed HelloWorld。

这时,开发者可以通过 PowerShell 看到设置成功的反馈信息,如图 6-35 所示。

设置成功后,可以通过"shutdown /r /t 0"命令重启设备。设备重启后会进入 HelloWorld 应用程序。

第6章　Windows 10 IoT Core配置和开发工具

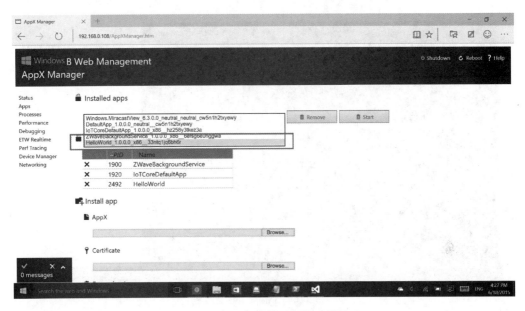

图 6-33　基于网页的设备管理器界面

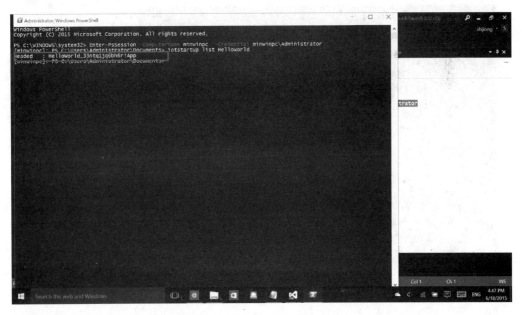

图 6-34　执行 iotstartup 命令

如果想要将开机默认应用程序设置回 DefaultApp，可以在 PowerShell 中输入命令：iotstartup add headed DefaultApp，反馈的信息如图 6-36 所示。

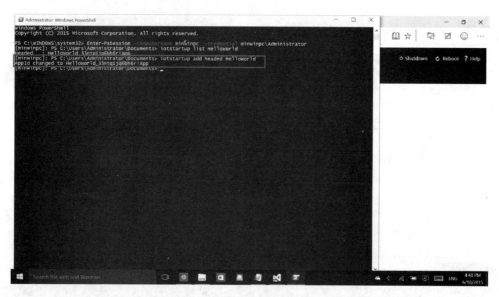

图 6-35　执行 iotstartup 命令成功

图 6-36　重新设置默认应用命令成功

6.8　使用 FTP 工具

　　Windows 10 IoT Core 设备启动时,FTP 服务会自动开启。为了在开发机与 Windows 10 IoT Core 设备之间建立 FTP 连接,首先需要获取 Windows 10 IoT Core 设备的 IP 地

址,关于 IP 地址的获取,可以参考 6.2.1 节,里面详细描述了两种方法。

6.8.1 使用 FTP 客户端连接设备

在开发机上打开一个 FTP 客户端工具,此处以 FlashFTP 为例,配置目标 IP 为设备的局域网 IP 地址,用户名、密码分别为 administrator 和 p@ssword(默认密码),端口为默认的 21 端口,如图 6-37 所示。

图 6-37　FTP 客户端登录设置界面

单击"连接"按钮,就可以与目标 IoT 设备建立 FTP 连接,进行文件传输,如图 6-38 所示。其默认目录为 C 盘根目录。

图 6-38　FTP 工具访问 IoT 设备

6.8.2 停止 FTP 服务

默认情况下，Windows 10 IoT Core 设备的 FTP 服务是开启的，如果用户需要停止其 FTP 服务，则可以进行如下设置。

（1）参考 6.2 节或 6.3 节，通过 PowerShell 或 SSH 与 Windows 10 IoT Core 设备建立连接。

（2）如果使用的是 PowerShell，则可以使用"kill -processname ftpd *"命令来停止 FTP 服务，如图 6-39 所示。

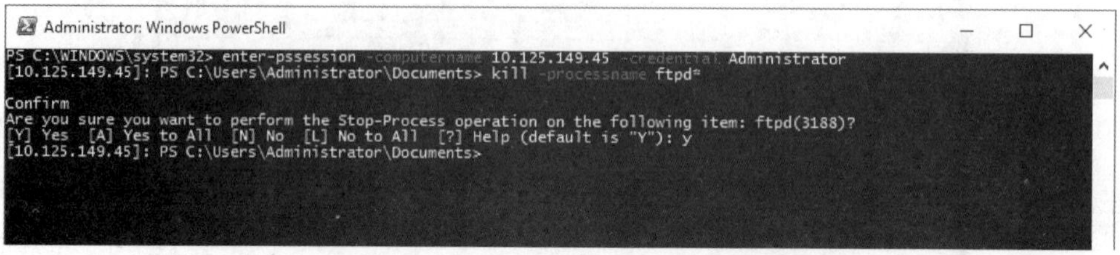

图 6-39　使用 PowerShell 停止 FTP 服务

如果使用的是 SSH，则可以使用"kill ftpd *"命令来停止 FTP 服务，如图 6-40 所示。

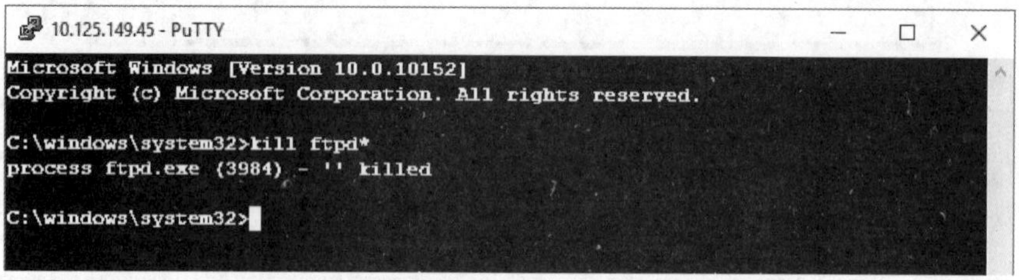

图 6-40　使用 SSH 停止 FTP 服务

6.8.3 启动 FTP 服务

在 FTP 服务关闭的情况下，如果用户需要重新开启它，则可以通过如下步骤来完成：首先，通过 PowerShell 或 SSH 与 Windows 10 IoT Core 设备建立连接；其次，输入指令"start C:\Windows\System32\ftpd.exe"，就可以启动 FTP 服务。为了确定 FTP 服务是否开启，用户可以使用 tlist 命令查看正在运行的进程，检查 ftpd.exe 是否在列表之中，如图 6-41 所示。

6.8.4 修改 FTP 服务的默认路径

默认情况下，FTP 服务的默认路径为 C 盘根目录，如果用户要进行修改，则可以通过以下步骤进行。

首先，通过 PowerShell 或 SSH 与 Windows 10 IoT Core 设备建立连接。其次，如果

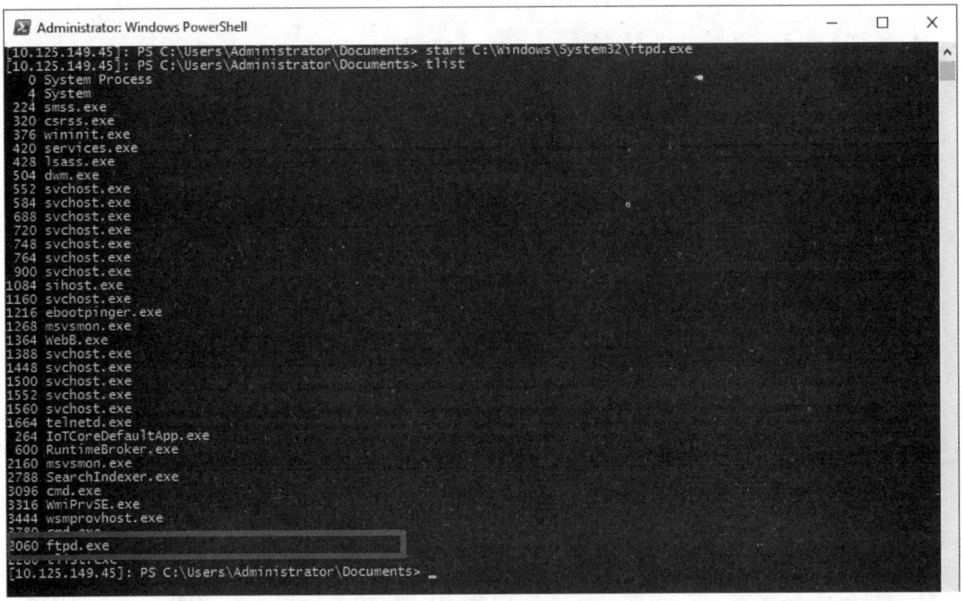

图 6-41 使用 tlist 命令查看进程

FTP 服务正在运行,则参考 6.8.2 节,将 FTP 服务停止。接着,输入指令"start C:\Windows\System32\ftpd.exe <PATH_TO_DIRECTORY>",其中,<PATH_TO_DIRECTORY>是用户需要修改的 FTP 服务的默认路径,如"C:\Users\DefaultAccount",如图 6-42 所示。

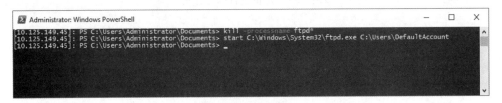

图 6-42 修改 FTP 服务默认路径

之后,用户可以重新启动 Windows IoT Core 设备的 FTP 服务,并且在开发机上使用 FTP 客户端登录 Windows IoT Core 设备,查看其默认路径是否已经更改。

如果用户需要永久保持该设置,则需要修改系统的设置文件,具体步骤如下。

(1) 参考 6.9 节,定位到\KTARGET_DEVICE>\C$\Windows\System32,其中,<TARGET_DEVICE>是 Windows IoT Core 设备的名称或者是 IP 地址,如图 6-43 所示。

(2) 找到 IoTStartupOnBoot.cmd 文件,并且单击鼠标右键,选择 Edit 命令进行编辑,如图 6-44 所示。

(3) 如果弹出安全警告,单击 Run 按钮,如图 6-45 所示。

(4) 在记事本中找到 start ftpd.exe 对应的内容,如图 6-46 所示。

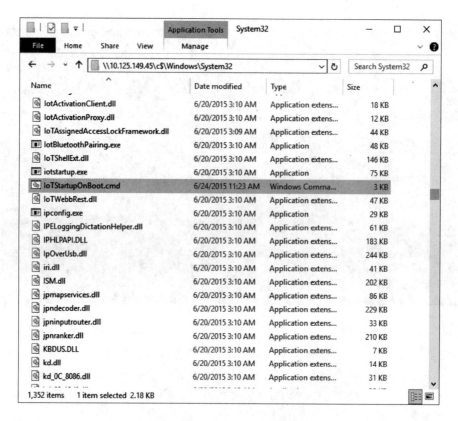

图 6-43 定位到目标文件夹

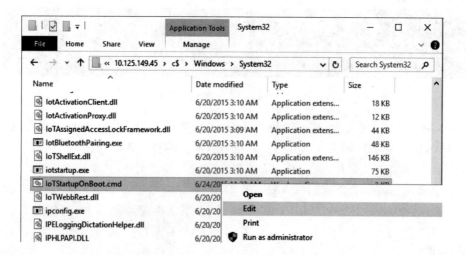

图 6-44 编辑 IoTStartupOnBoot 文件

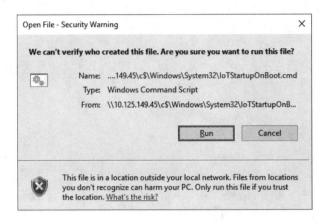

图 6-45　编辑文件时弹出安全警告

```
IoTStartupOnBoot.cmd - Notepad
File  Edit  Format  View  Help

REM Call RegistgerOneCoreRdbg.cmd
if /i EXIST %SystemDrive%\RDBG\RegisterOneCoreRdbg.cmd (
    call %SystemDrive%\RDBG\RegisterOneCoreRdbg.cmd >nul 2>&1

    rem Delete the scheduled task if it already exist
    schtasks /delete /f /tn StartMsvsmon >nul 2>&1

    rem Schedule the task
    schtasks /create /f /tn "StartMsvsmon" /tr "%SystemDrive%\RDBG\msvsmon.exe /nowowwarn /noauth

    rem Trigger the task
    schtasks /run /tn StartMsvsmon >nul 2>&1
)

REM start FTP
if /i EXIST %SystemDrive%\Windows\System32\ftpd.exe (
    start ftpd.exe >nul 2>&1
)

REM Setup environment will be done only in first boot
reg query HKLM\Software\Microsoft\IoT >nul 2>&1
if %errorlevel% == 0 (
  reg delete HKLM\Software\Microsoft\IoT /f >nul 2>&1
    if %errorlevel% == 0 (
        REM AllJoyn Firewall rule settings
        Netsh AdvFirewall Firewall set rule name="AllJoyn Router (TCP-In)" new LocalPort=9955 Profi
        Netsh AdvFirewall Firewall set rule name="AllJoyn Router (TCP-Out)" new Profile=Domain,Priv
        Netsh AdvFirewall Firewall set rule name="AllJoyn Router (UDP-In)" new Profile=Domain,Priva
        Netsh AdvFirewall Firewall set rule name="AllJoyn Router (UDP-Out)" new Profile=Domain,Priv

        if /i EXIST %SystemDrive%\IoTApps\AllJoyn (
            CALL %SystemDrive%\IoTApps\AllJoyn\InstallAlljoynApp.bat >nul 2>&1
        )
```

图 6-46　编辑目标文件

（5）将其修改为"start ftpd.exe <PATH_TO_DIRECTORY>"，其中，<PATH_TO_DIRECTORY>是用户想要访问的默认路径，如"C:\Users\DefaultAccount"。选择"保存"命令，并关闭该文件。

重启设备以后，用户通过 FTP 访问 Windows IoT Core 设备时，其默认路径已经修改为用户需要访问的路径。

6.9 使用文件共享服务

Windows 文件共享服务在 Windows 10 IoT Core 设备启动时默认开启，如果用户需要使用 Windows 文件共享服务，则先要获取 Windows 10 IoT Core 设备的 IP 地址，关于 IP 地址的获取，可以参考 6.2.1 节详细描述的两种方法。下面介绍 Windows 文件共享服务的使用方法。

6.9.1 通过文件共享访问设备

获得 Windows 10 IoT Core 设备的 IP 地址之后，在开发机上打开文件浏览器，并输入以下路径\\<TARGET DEVICE>\C$，其中，<TARGET_DEVICE>是 Windows 10 IoT Core 设备的 IP 地址或者设备名称。回车以后，如果是第一次连接，则需要在弹出的安全认证对话框中输入用户名和密码，默认是 administrator 和 p@ssword。之后，用户在文件浏览器上可以访问到 Windows 10 IoT Core 设备，如图 6-47 所示。

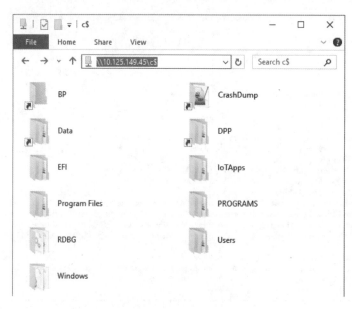

图 6-47　文件共享服务

6.9.2 开启/停止文件共享服务

默认情况下,Windows 10 IoT Core 设备的文件共享服务是开启的,如果用户需要停止文件共享服务,则可以进行如下设置。

(1) 参考 6.2 节或 6.3 节,通过 PowerShell 或 SSH 与 Windows 10 IoT Core 设备建立连接。

(2) 使用"net stop Server /y"命令来停止文件共享服务;相反,如果用户要在文件共享服务停止的情况下开启它,可以使用"net start Server"命令,如图 6-48 所示。

图 6-48　开启/停止文件共享服务指令

6.9.3 设置文件共享服务的开机状态

默认情况下,Windows 10 IoT Core 设备的文件共享服务是开机自启动的,用户也可以通过修改注册表的方式来阻止文件共享服务在开机时的自启动。下面给出具体的步骤。

(1) 通过 PowerShell 或 SSH 与 Windows 10 IoT Core 设备建立连接。

(2) 输入指令"reg add HKEY_LOCAL_MACHINE\SYSTEM\ CurrentControlSet\ services\lanmanserver /v Start /t REG_DWORD /d 0x3 /f",就可以完成开机将其服务停止的设置。

相反,如果用户希望恢复默认的开机自启动设置,则可以输入指令"reg add HKEY_ LOCAL_ MACHINE\ SYSTEM\ CurrentControlSet\ services\ lanmanserver /v Start /t REG_DWORD /d 0x2 /f",如图 6-49 所示。

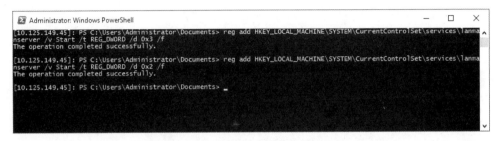

图 6-49　设置文件共享服务开机状态的命令

6.10 动手练习

1. 参考 6.2、6.3 和 6.4 节,使用 PowerShell 或者是 PuTTY 工具与 Windows 10 IoT Core 设备建立连接,并使用命令行工具修改管理员账户密码和设备名称。

2. 参考 6.7 节的内容,尝试将一个 Windows 10 IoT Core 应用程序通过网页管理工具部署到设备上,并且运行。提示:可以使用侧面工具栏的 App 功能。

3. 参考 6.8 和 6.9 节内容,在设备的根目录新建一个 MyDocs 目录,并且将其设置为 FTP 服务的默认路径,并通过 FTP 客户端上传一个文件。

参考链接

[1] http://www.putty.org

第 7 章　Windows 10 IoT Core 例程

通过第 5 章和第 6 章的内容，开发者已经搭建了 Windows 10 IoT Core 开发环境，掌握了开发工具和配置方法。本章将带领开发者进行 Windows 10 IoT Core 平台的基础开发，主要包括控制台应用、Web Server 应用和硬件接口相关的应用，如 GPIO、I2C、SPI 和串口通信，为后续第三篇的应用开发和实物制作打好基础。

7.1　创建 HelloWorld 应用

7.1.1　新建工程

首先，打开 Visual Studio，创建一个工程，选择工程模板，即展开"Templates→Visual C♯→Windows→Windows Universal"节点，选中其中的 Blank App(Windows Universal)，将工程名命名为 HelloWorld，如图 7-1 所示。

图 7-1　新建工程

7.1.2 界面设计

在 Solution Explorer 中，选择 MainPage.xaml 文件，为其添加一个 TextBox 和 Button 控件，使得用户在单击按钮时，TextBox 控件能显示一些文字消息。为此，可以在 <Grid> 节点下，加入如下 Xaml 代码：

```xaml
<Grid Background = "{ThemeResource ApplicationPageBackgroundThemeBrush}">
    <StackPanel HorizontalAlignment = "Center" VerticalAlignment = "Center">
        <TextBox x:Name = "HelloMessage" Text = "Hello, World!" Margin = "10" IsReadOnly = "True"/>
        <Button x:Name = "ClickMe" Content = "Click Me!" Margin = "10" HorizontalAlignment = "Center"/>
    </StackPanel>
</Grid>
```

之后，在设计页面中，选中 Button 按钮，双击，Visual Studio 会自动在 MainPage.xaml 中添加 Button 的 Click 事件属性：

```xaml
<Button x:Name = "ClickMe" Content = "Click Me!" Margin = "10" HorizontalAlignment = "Center" Click = "ClickMe_Click"/>
```

7.1.3 后台代码

在 MainPage.xaml.cs 文件中添加该事件处理函数 ClickMe_Click，为其添加代码如下：

```csharp
private void ClickMe_Click(object sender, RoutedEventArgs e)
{
    this.HelloMessage.Text = "Hello, Windows IoT Core!";
}
```

使得用户在单击按钮时，TextBox 控件显示"Hello，Windows IoT Core!"信息。

7.1.4 部署与调试

选择"Build→Build Solution"命令来编译项目，编译完成后，由于是 Universal 项目，可以先在本地计算机进行测试。笔者使用的 Windows 10 Pro RTM 64 位系统，所以平台选择 x64 和 Local Machine，调试界面如图 7-2 所示。单击 Click Me 按钮，出现"Hello，Windows IoT Core!"信息。

在本地测试之后，就需要部署到 Windows 10 IoT Core 设备上进行调试。不同的设备，编译选项会有所不同。如果设备是 Raspberry Pi 2，则选择 ARM，如果是 MinnowBoard MAX，则选择 x86。同时，在调试目标的下拉列表中选择 Remote Machine，如图 7-3 所示。

然后，在解决方案资源管理器中，单击鼠标右键，选择"属性（Properties）"命令，在 HelloWorld 的项目属性选项卡中选择 Debug，在 Start options 中设置 Target device 为

第7章　Windows 10 IoT Core例程

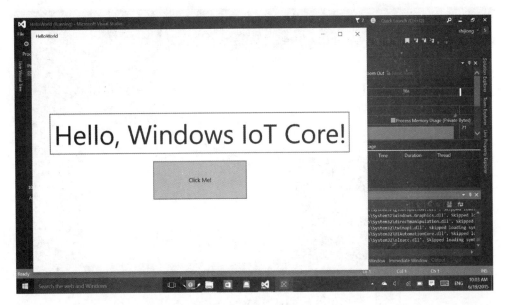

图 7-2　本地调试界面

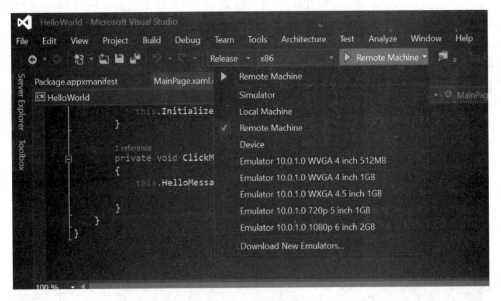

图 7-3　Build 选项

Remote Machine，同时查看 Windows IoT Core Watcher 中的设备 IP 地址，将 Remote machine 设置为其 IP 地址，本例中为 192.168.0.102（或者，也可以输入设备的名称，如默认的 minwinpc），如图 7-4 所示。

接着，按 F5 键（或依次选择"Debug→Start Debugging"命令）即可开始调试应用。如果外接了显示器，就可以在屏幕上看到 HelloWorld 应用出现，并且可以单击按钮显示相应的

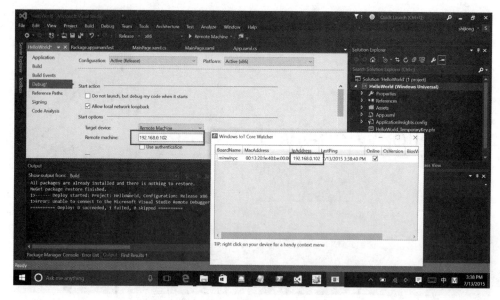

图 7-4 调试设备 IP 地址的设置

内容。为了方便调试，用户可以在开发环境中设置断点、查看变量值。若要停止应用的调试，可以单击 Stop Debugging 按钮（或依次选择"Debug→Stop Debugging"命令）。

在部署和调试完 UAP 应用程序后，只需将 Visual Studio 工具栏配置下拉列表从 Debug 更改为 Release，即可创建发布版本。用户可以通过选择"Build→Rebuild Solution"和"Build→Deploy Solution"，生成应用并将其部署到 IoT 设备。

注意：Release 版本的应用程序 Build 时间会稍长，以笔者使用的 Surface Pro 2 为例，大概使用了近两分钟时间，如图 7-5 所示。

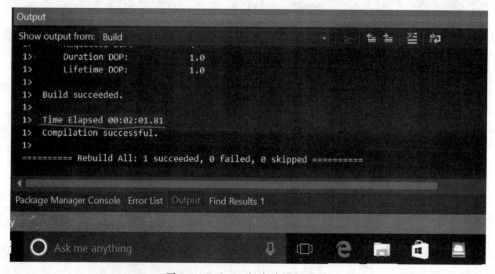

图 7-5 Release 版本编译的时间

7.2 创建控制台应用

在很多场合下,用户并不需要界面,反而更注重数据,特别是在物联网应用中,许多传感器节点设备并没有显示接口,这种情况就特别适合控制台应用。控制台应用程序通常没有可视化的界面,只是通过字符串来显示或者监控程序。控制台程序常常被应用在测试、监控等场合,用户往往只关心数据,不在乎界面。本节将使用 C++ 语言创建一个面向 Windows IoT Core 设备的 Win32 控制台应用,用于监控设备的存储空间状态。

7.2.1 新建工程

打开 Visual Studio,创建一个工程,选择工程模板,即展开"Templates→Visual C++→Windows→Windows IoT Core"节点,选中其中的 Blank Windows IoT Core Console…Visual C++,将工程命名为 MemoryStatus,如图 7-6 所示。

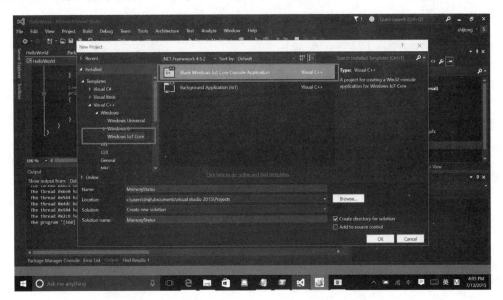

图 7-6　新建工程

7.2.2 程序代码

首先,在解决方案资源管理器中,选中 ConsoleApplication.cpp 文件,在原有生成代码的基础上,声明对三个库文件和命名空间 std 的引用。

```
# include <windows.h>
# include <chrono>
# include <thread>
using namespace std;
```

其次,加入三个宏定义,分别用于字节(Byte)和千字节(KB)的转换、文字信息和数字信息的打印输出。

```
#define DIV 1024
#define MESSAGE_WIDTH 30
#define NUMERIC_WIDTH 10
```

接着,分别定义一个信息打印输出方法 printMessage 和三个重载的方法 printMessageLine,其中,printMessageLine 中调用了 printMessage 方法。

```
void printMessage(LPCSTR msg, bool addColon)
{
    cout.width(MESSAGE_WIDTH);
    cout << msg ;
    if (addColon)
    {
        cout << " : ";
    }
}
void printMessageLine(LPCSTR msg)
{
    printMessage(msg, false);
    cout << endl;
}
void printMessageLine(LPCSTR msg, DWORD value)
{
    printMessage(msg, true);
    cout.width(NUMERIC_WIDTH);
    cout << right << value << endl;
}
void printMessageLine(LPCSTR msg, DWORDLONG value)
{
    printMessage(msg, true);
    cout.width(NUMERIC_WIDTH);
    cout << right << value << endl;
}
```

最后,在 main 函数中,利用 for 循环,每隔 100ms 输出存储空间的使用情况。

```
int main(int argc, char ** argv)
{
    printMessageLine("Starting to monitor memory consumption!");
    for (;;)
    {
        MEMORYSTATUSEX statex;
        statex.dwLength = sizeof(statex);
        BOOL success = GlobalMemoryStatusEx(&statex);
```

```cpp
        if (!success)
        {
            DWORD error = GetLastError();
            printMessageLine(" ******************************************* ");
            printMessageLine("Error getting memory information", error);
            printMessageLine(" ******************************************* ");
        }
        else
        {
            DWORD load = statex.dwMemoryLoad;
            DWORDLONG physKb = statex.ullTotalPhys / DIV;
            DWORDLONG freePhysKb = statex.ullAvailPhys / DIV;
            DWORDLONG pageKb = statex.ullTotalPageFile / DIV;
            DWORDLONG freePageKb = statex.ullAvailPageFile / DIV;
            DWORDLONG virtualKb = statex.ullTotalVirtual / DIV;
            DWORDLONG freeVirtualKb = statex.ullAvailVirtual / DIV;
            DWORDLONG freeExtKb = statex.ullAvailExtendedVirtual / DIV;

            printMessageLine(" ******************************************* ");
            printMessageLine("Percent of memory in use", load);
            printMessageLine("KB of physical memory", physKb);
            printMessageLine("KB of free physical memory", freePhysKb);
            printMessageLine("KB of paging file", pageKb);
            printMessageLine("KB of free paging file", freePageKb);
            printMessageLine("KB of virtual memory", virtualKb);
            printMessageLine("KB of free virtual memory", freeVirtualKb);
            printMessageLine("KB of free extended memory", freeExtKb);
            printMessageLine(" ******************************************* ");
        }
        this_thread::sleep_for(chrono::milliseconds(100));
    }
    printMessageLine("No longer monitoring memory consumption!");
}
```

7.2.3 部署与调试

本应用程序在 HeadMode 和 HeadlessMode 两种模式下均可以运行。在编译项目之前，先进行相关的设置。在解决方案资源管理器中，选中项目，单击鼠标右键，选择"属性（Properties）"命令，在 Configuration Properties 的 Debugging 设置选项卡中，做如图 7-7 所示的设置。

注意：Remote Server Name 一栏，可以填写 Windows IoT Core 设备的名称（默认为 minwinpc），也可以填写 Windows IoT Core 设备的 IP 地址，本例中使用了 192.168.0.102 的 IP 地址。

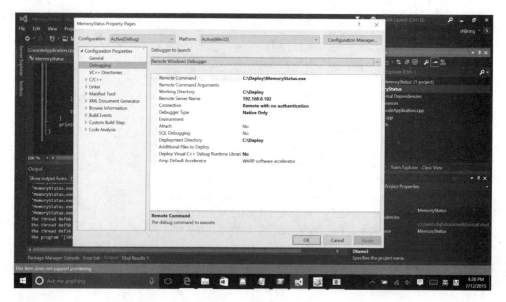

图 7-7　C++项目的调试设置

接着,选择"Build→Configuration Manager"命令,在打开的 Configuration Manager 对话框中选中 Deploy 复选框,如图 7-8 所示。

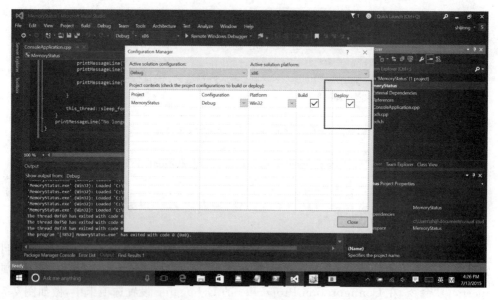

图 7-8　Deploy 复选框设置

注意:如果此选项处于禁用状态,则很可能是因为部署选项未全部输入到项目属性的 Debugging 选项卡中。另外,若 Deploy 复选框未选中,则会影响后面的调试环节,使得 Visual Studio 报错,无法启动调试。

如果目标设备是 Raspberry Pi 2,则选择 ARM,如果是 MinnowBoard MAX,则选择 x86。同时,在调试目标的下拉列表中选择 Remote Machine。本例使用了 MinnowBoard MAX,选择 x86 进行编译。编译完成以后,按 F5 键(或依次选择"Debug → Start Debugging"命令)即可开始调试应用。同时,可以在建立连接的 PowerShell 会话中,进入 C:\Deploy 路径,使用命令开启 MemoryStatus 应用,如图 7-9 所示。

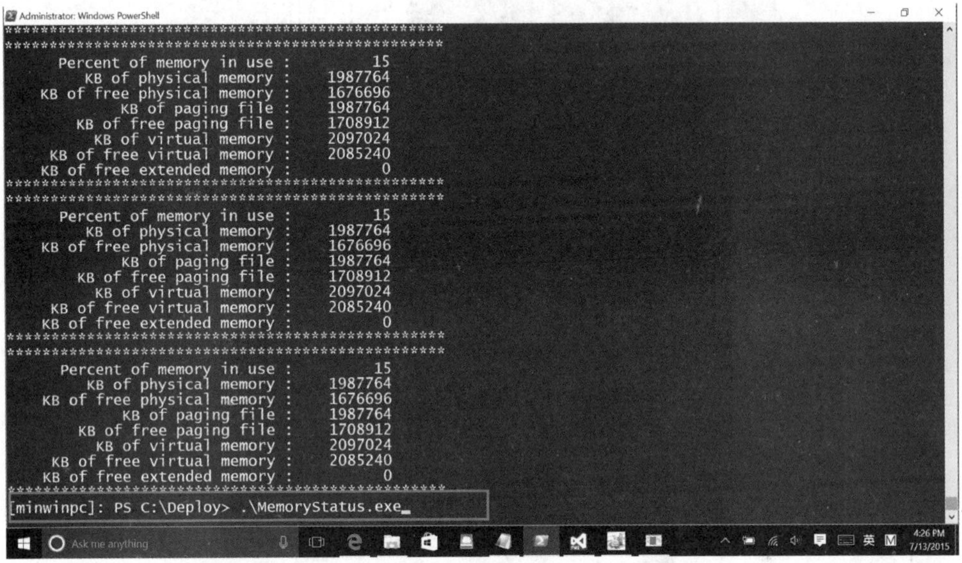

图 7-9　程序运行

7.3　GPIO 的使用一(LED 灯)

7.3.1　实例功能

本节将以外接 LED 灯为例,重点介绍 Windows IoT Core 设备中 GPIO 的使用,包括 GPIO 的引脚声明、初始化、电平设置和资源释放。

7.3.2　硬件电路

为了完成本例的实验,用户需要的元器件包括 220Ω 电阻一个、LED 灯一个、杜邦线两条、面包板一块,如图 7-10 所示。

如果用户使用的是 Raspberry Pi 2,那么需要将 LED 的一端用杜邦线连接于 pin 29 (GPIO 5),另一端连接一个 220Ω 的电阻以后,用杜邦线与 pin 1(3.3V)连接,如图 7-11 所示。

如果用户使用的是 MinnowBoard Max,那么需要将 LED 灯的一端用杜邦线连接于 pin 18(GPIO 5),另一端连接一个 220Ω 的电阻以后,用杜邦线与 pin 4(3.3V)连接,如图 7-12

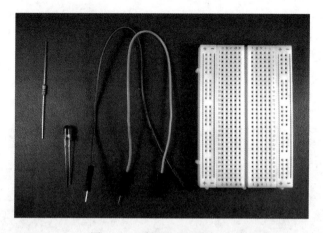

图 7-10　项目所需元器件图

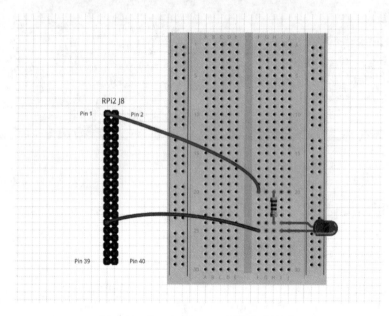

图 7-11　Raspberry Pi 2 元器件连接图

所示。

注意：确认将 LED 灯较短的引脚（负极）与 GPIO 相连，LED 灯较长的引脚（正极）与 3.3V 相连，因为程序中是通过设置 GPIO 的电平为低来点亮 LED 的。

7.3.3　界面设计

首先，打开 Visual Studio，创建一个工程，选择工程模板中，即展开"Templates→Visual C♯ →Windows→Windows Universal"节点，选中其中的 Blank App（Windows Universal），将工程命名为 LEDControl，如图 7-13 所示。

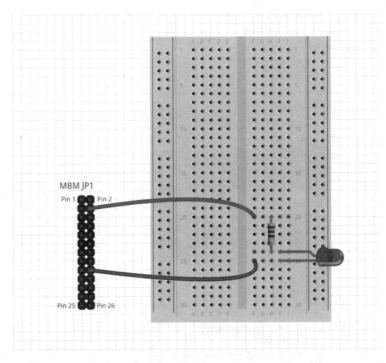

图 7-12 MinnowBoard Max 元器件连接图

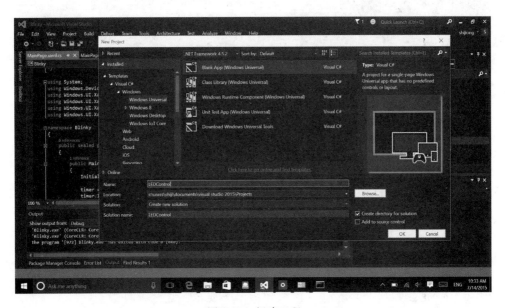

图 7-13 新建工程

然后,在 Solution Explorer 中,选择 MainPage.xaml 文件,为其添加一个 StackPanel 容器,并且在其中添加两个 TextBox、一个 Ellipse 和一个 Slider 控件,用于提示 LED 灯的状

态和变换的时间间隔。为此，可以在<Grid>节点下，加入如下 Xaml 代码：

MainPage.xaml 文件主要代码

<StackPanel HorizontalAlignment = "Center" VerticalAlignment = "Center">
            <Ellipse x:Name = "LED" Fill = "LightGray" Stroke = "White" Width = "100" Height = "100" Margin = "10"/>
            <TextBlock x:Name = "DelayText" Text = "500ms" Margin = "10" TextAlignment = "Center" FontSize = "26.667" />
            < Slider x: Name = " Delay" Width = " 200 " Value = " 500 " Maximum = " 1000 " LargeChange = "100" SmallChange = "10" Margin = "10" ValueChanged = "Delay_ValueChanged" StepFrequency = "10"/>
            <TextBlock x:Name = "GpioStatus" Text = "Waiting to initialize GPIO..." Margin = "10,50,10,10" TextAlignment = "Center" FontSize = "26.667" />
</StackPanel>

7.3.4 后台代码

在编写后台代码之前，先加入对 IoT Extention SDK 的引用，如图 7-14 所示。

图 7-14 工程添加对 IoT Extention SDK 的引用

同时，在后台代码中加入对 GPIO 的引用：

using Windows.Devices.Gpio;

接着，为界面声明全局的私有成员，用于保存 LED 的状态、LED 连接的 GPIO 引脚号、定时器和渲染的画刷：

```
private int LEDStatus = 0;
private const int LED_PIN = 5;
private GpioPin pin;
private DispatcherTimer timer;
private SolidColorBrush redBrush = new SolidColorBrush(Windows.UI.Colors.Red);
private SolidColorBrush grayBrush = new SolidColorBrush(Windows.UI.Colors.LightGray);
```

然后,在 MainPage 的构造函数后面,加入 GPIO 的初始化方法 InitGPIO,代码如下:

```
private void InitGPIO()
{
    var gpio = GpioController.GetDefault();
    // 如果没有 GPIO 控制器,返回错误提示信息
    if (gpio == null)
    {
        pin = null;
        GpioStatus.Text = "There is no GPIO controller on this device.";
        return;
    }
    pin = gpio.OpenPin(LED_PIN);
    // 如果 GPIO 初始化错误,返回错误提示信息
    if (pin == null)
    {
        GpioStatus.Text = "There were problems initializing the GPIO pin.";
        return;
    }
    pin.Write(GpioPinValue.High);
    pin.SetDriveMode(GpioPinDriveMode.Output);
    GpioStatus.Text = "GPIO pin initialized correctly.";
}
```

在 MainPage 构造函数中,于 InitializeComponent 之后,加入定时器部分的代码:

```
timer = new DispatcherTimer();
timer.Interval = TimeSpan.FromMilliseconds(500);
timer.Tick += Timer_Tick;
timer.Start();
```

为定时器定时溢出编写事件处理函数,代码如下:

```
private void Timer_Tick(object sender, object e)
{
    FlipLED();
}
```

其中的 FlipLED 定义如下,利用 LEDStatus 中存储的状态,完成 GPIO 电平和 LED 图片颜色的改变。

```csharp
private void FlipLED()
{
    if (LEDStatus == 0)
    {
        LEDStatus = 1;
        if (pin != null)
        {
            // 为了点亮 LED,需要将对应的芯片引脚电平拉低
            pin.Write(GpioPinValue.Low);
        }
        LED.Fill = redBrush;
    }
    else
    {
        LEDStatus = 0;
        if (pin != null)
        {
            pin.Write(GpioPinValue.High);
        }
        LED.Fill = grayBrush;
    }
}
```

然后,为滑动条的改变事件编写处理函数,用于接收用户改变 LED 闪烁频率的更改。

```csharp
private void Delay_ValueChanged(object sender, RangeBaseValueChangedEventArgs e)
{
        if (timer == null)
    {
        return;
    }
    if (e.NewValue == Delay.Minimum)
    {
        DelayText.Text = "Stopped";
        timer.Stop();
        TurnOffLED();
    }
    else
    {
            DelayText.Text = e.NewValue + "ms";
            timer.Interval = TimeSpan.FromMilliseconds(e.NewValue);
        timer.Start();
    }
}
```

其中，用到了 LED 的关闭方法 TurnOffLED，定义如下：

```
private void TurnOffLED()
{
    if (LEDStatus == 1)
    {
        FlipLED();
    }
}
```

最后，在应用程序的 MainPage 构造函数中，添加页面退出时的处理函数 MainPage_Unloaded，以及 GPIO 初始化的调用 InitGPIO。其中，MainPage_Unloaded 主要是完成 GPIO 资源的释放。代码如下：

```
private void MainPage_Unloaded(object sender, object args)
{
    // Cleanup
    pin.Dispose();
}
```

7.3.5　部署与调试

本例选用 MinnowBoard 进行调试，选择 x86 方式编译，并在 Debug 选项卡中，输入 MinnowBoard 的 IP 地址（或者其设备名称，默认为 minwinpc），如图 7-15 所示。

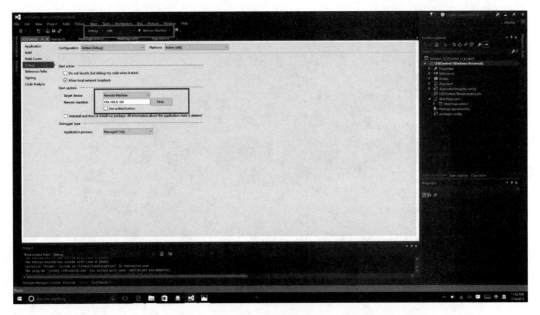

图 7-15　项目编译设置

按F5键进行调试，程序下载到MinnowBoard以后，连接GPIO5的LED灯开始以500ms的间隔开始闪烁，同时，显示器上指示LED灯状态的圆的颜色也随之变化，用户可以用鼠标拖动下方的滑动条来改变LED闪烁的间隔，如图7-16和图7-17所示。

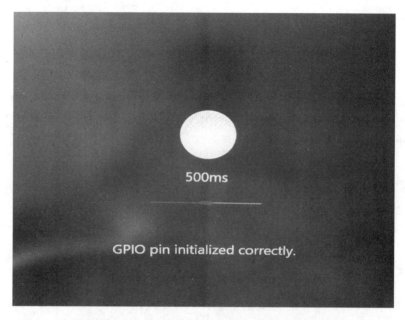

图7-16　应用程序的显示界面

图7-17　运行实物图

7.4 GPIO 的使用二（按钮）

7.4.1 实例功能

本节将在外接 LED 灯的基础上，添加按钮，重点介绍 Windows IoT Core 设备中 GPIO 作为输入功能的使用，包括 GPIO 的引脚声明、初始化、电平设置和资源释放，使得用户通过按钮来控制 LED 灯的状态。

7.4.2 硬件电路

为了完成本例的实验，用户需要的元器件包括 220Ω 电阻一个、LED 灯一个、按钮一个、杜邦线若干、面包板一块。

如果用户使用的是 Raspberry Pi 2，那么，需要将 LED 灯的一端用杜邦线连接于 pin 31 (GPIO 6)，另一端连接一个 220 欧姆的电阻以后，用杜邦线与 pin 1(3.3V) 连接。另外，将按钮一端的杜邦线连接于 pin 29(GPIO 5)，另一端用杜邦线与 pin 39(GND) 连接，实物连接如图 7-18 所示。

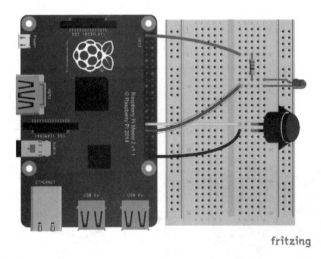

图 7-18 Raspberry Pi 2 元器件连接图

其原理图如图 7-19 所示。

如果用户使用的是 MinnowBoard Max，那么，需要将 LED 灯的一端用杜邦线连接于 pin 20(GPIO 6)，另一端连接一个 220Ω 的电阻以后，用杜邦线与 pin 4(3.3V) 连接。另外，将按钮一端的杜邦线连接于 pin 18(GPIO 5)，另一端用杜邦线与 pin 2(GND) 连接，元器件连接图如图 7-20 所示。

其原理图如图 7-21 所示。

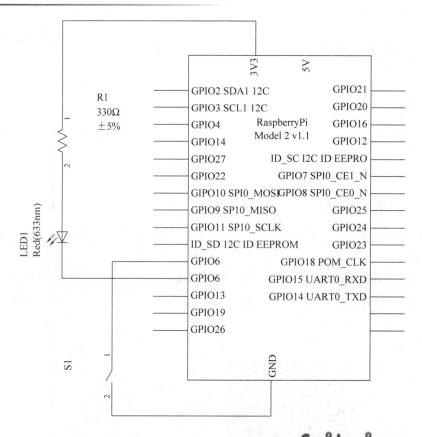

图 7-19 Raspberry Pi 2 连接原理图

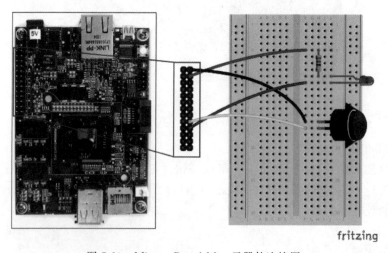

图 7-20 MinnowBoard Max 元器件连接图

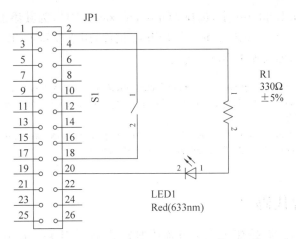

图 7-21　MinnowBoard Max 连接原理图

7.4.3　界面设计

首先，打开 Visual Studio，创建一个工程，选择工程模板，即展开"Visual C♯ → Windows → Windows Universal"节点，选中其中的 Blank App(Windows Universal)，将工程命名为 PushButton，如图 7-22 所示。

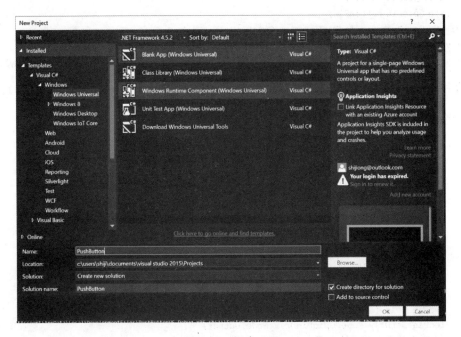

图 7-22　新建工程

然后,在 Solution Explorer 中,选择 MainPage.xaml 文件,为其添加一个 StackPanel 容器,并且在其中添加一个 TextBox 和一个 Ellipse 控件,用于提示 LED 灯的状态。为此,可以在<Grid>节点下,加入如下 Xaml 代码:

```xml
<StackPanel HorizontalAlignment = "Center" VerticalAlignment = "Center">
    <Ellipse x:Name = "ledEllipse" Fill = "LightGray" Stroke = "White" Width = "100" Height = "100" Margin = "10"/>
    <TextBlock x:Name = "GpioStatus" Text = "Waiting to initialize GPIO..." Margin = "10,50,10,10" TextAlignment = "Center" FontSize = "26.667" />
</StackPanel>
```

7.4.4 后台代码

在编写后台代码之前,按照 7.3.4 节描述的方式,加入对 IoT Extention SDK 的引用。同时,在后台代码中加入对 GPIO 的引用:

```csharp
using Windows.Devices.Gpio;
```

接着,为界面声明全局的私有成员如下,用于保存 LED 灯的状态、LED 灯连接的 GPIO 引脚号、按钮连接的 GPIO 引脚号和用于渲染的画刷。

```csharp
private int LEDStatus = 0;
private const int LED_PIN = 6;
private const int BUTTON_PIN = 5;
private GpioPin ledPin;
private GpioPin buttonPin;
private GpioPinValue ledPinValue = GpioPinValue.High;
private SolidColorBrush redBrush = new SolidColorBrush(Windows.UI.Colors.Red);
private SolidColorBrush grayBrush = new SolidColorBrush(Windows.UI.Colors.LightGray);
```

然后,在 MainPage 的构造函数后面,加入 GPIO 的初始化方法 InitGPIO,代码如下:

```csharp
private void InitGPIO()
{
    var gpio = GpioController.GetDefault();
    // 如果没有 GPIO 控制器,返回错误提示信息
    if (gpio == null)
    {
        GpioStatus.Text = "There is no GPIO controller on this device.";
        return;
    }
    buttonPin = gpio.OpenPin(BUTTON_PIN);
    ledPin = gpio.OpenPin(LED_PIN);
    // 将引脚电平初始化为 HIGH,使得对应的 LED 灯保持熄灭状态
    // 初始化引脚电平为 HIGH,因为 LED 灯的硬件连接是引脚低电平时点亮
    ledPin.Write(GpioPinValue.High);
    ledPin.SetDriveMode(GpioPinDriveMode.Output);
    // 检查是否支持上拉电阻
```

```csharp
    if (buttonPin.IsDriveModeSupported(GpioPinDriveMode.InputPullUp))
        buttonPin.SetDriveMode(GpioPinDriveMode.InputPullUp);
    else
        buttonPin.SetDriveMode(GpioPinDriveMode.Input);
    // 设置延时,消除按钮输入抖动
    buttonPin.DebounceTimeout = TimeSpan.FromMilliseconds(50);
    // 为了监控按钮的输入电平,设置 buttonPin-Value Changed 事件,当按钮被按下时,会触发该事件
    buttonPin.ValueChanged += buttonPin_ValueChanged;
    GpioStatus.Text = "GPIO pins initialized correctly.";
}
```

然后,加入按钮的事件处理函数(buttonPin_ValueChanged)部分代码:

```csharp
private void buttonPin_ValueChanged(GpioPin sender, GpioPinValueChangedEventArgs e)
{
    // 每当按钮按下时,改变 LED 灯的状态
    if (e.Edge == GpioPinEdge.FallingEdge)
    {
        ledPinValue = (ledPinValue == GpioPinValue.Low) ?
            GpioPinValue.High : GpioPinValue.Low;
        ledPin.Write(ledPinValue);
    }

    // 在 UI 线程中触发 UI 更新
    // handler gets invoked on a separate thread.
    var task = Dispatcher.RunAsync(CoreDispatcherPriority.Normal, () => {
        if (e.Edge == GpioPinEdge.FallingEdge)
        {
            ledEllipse.Fill = (ledPinValue == GpioPinValue.Low) ?
                redBrush : grayBrush;
            GpioStatus.Text = "Button Pressed";
        }
        else
        {
            GpioStatus.Text = "Button Released";
        }
    });
}
```

最后,在应用程序的 MainPage 构造函数中,添加界面退出时的处理函数 MainPage_Unloaded,以及 GPIO 初始化的调用 InitGPIO。其中,MainPage_Unloaded 主要是完成 GPIO 资源的释放。

```csharp
private void MainPage_Unloaded(object sender, object args)
    {
        pin.Dispose();
    }
```

7.4.5 部署与调试

本例选用 MinnowBoard 进行调试，选择 x86 方式编译，并在 Debug 选项卡中，输入 MinnowBoard 的 IP 地址（或者其设备名称，默认为 minwinpc），如图 7-23 所示。

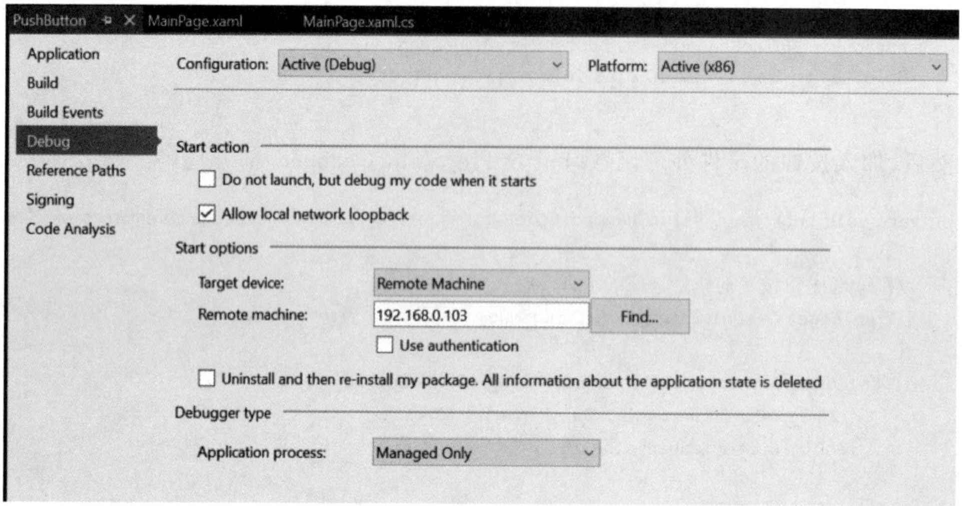

图 7-23 项目调试设置

按 F5 键进行调试，程序下载到 MinnowBoard 以后，连接 GPIO5 的 LED 灯开始是熄灭状态，同时，显示器上指示 LED 灯的状态也是灰色，下方的文字提示是 Button Released。用户可以通过按钮来改变灯的状态，按钮按下时，灯亮起；按钮弹起时，灯熄灭。因为程序中通过检测按钮引脚电平改变的方式来识别用户的动作，如图 7-24 和图 7-25 所示。

图 7-24 程序运行界面

图 7-25　运行实物图

7.5　Web Server 应用

7.5.1　实例功能

本节中，将完成一个简单的 Web Server 应用，包含 WebServerApp 和 BlinkyApp，具体源代码可以参考 Github 上的 App2App WebServer[1]。其中，WebServerApp 项目负责注册一个 BackgroundTask，用于提供 Web 服务器，并托管应用到应用的通信服务；BlinkyApp 应用类似于 7.3 节 GPIO 应用中的 LEDControl 示例，不同的是，LED 的状态由 Webserver 控制。

7.5.2　硬件电路

本节所使用的元器件可以参考 7.3 节，且硬件电路连接也完全一致，要注意的是，Minnowboard Max 和 Raspberry Pi 2 两种硬件平台的扩展引脚是不同的，需要区别对待。

7.5.3　程序设计

首先，来关注 WebServerApp 工程，它主要完成两个内容：第一，实现服务器的功能；第二，启用 App-to-App 的通信。实现服务器的核心要素是"StreamSocketListener"。以下是实现服务器所需内容的简化版本。

```
public sealed class HttpServer : IDisposable
{
    private int port = 8000;
    private readonly StreamSocketListener listener;
    ……
```

```csharp
public void StartServer()
{
    #pragma warning disable CS4014
    listener.BindServiceNameAsync(port.ToString());
    #pragma warning restore CS4014
}
… …
private async void ProcessRequestAsync(StreamSocket socket)
{
    StringBuilder request = new StringBuilder();
    using (IInputStream input = socket.InputStream)
    {
        byte[] data = new byte[BufferSize];
        IBuffer buffer = data.AsBuffer();
        uint dataRead = BufferSize;
        while (dataRead == BufferSize)
        {
            await input.ReadAsync(buffer, BufferSize, InputStreamOptions.Partial);
            request.Append(Encoding.UTF8.GetString(data, 0, data.Length));
            dataRead = buffer.Length;
        }
    }
    using (IOutputStream output = socket.OutputStream)
    {
        string requestMethod = request.ToString().Split('\n')[0];
        string[] requestParts = requestMethod.Split(' ');
        if (requestParts[0] == "GET")
            await WriteResponseAsync(requestParts[1], output);
        else
            throw new InvalidDataException("HTTP method not supported: " + requestParts[0]);
    }
}
```

为了使它充当服务器,需要在 Package.appxmanifest 中添加如下新功能:

```xml
<Capabilities>
  <Capability Name = "internetClient" />
  <Capability Name = "internetClientServer" />
</Capabilities>
```

为了使它与其他应用通信,需要在 Package.appxmanifest 中添加一些特殊配置。具体而言,需要添加 windows.appService 扩展。此扩展需要两部分信息:

(1) 该扩展的 EntryPoint 属性必须指定 BackgroundTask 的命名空间和类。此 BackgroundTask 将提供应用到应用的通信实现。

(2) AppService 的 Name 属性必须指定应用到应用的通信服务的名称。此服务名称（与此应用程序的 PackageFullName 相结合）可被视为所有应用在通信时使用的连接地址。

因此，可对这些属性进行如下的修改：

```xml
<Applications>
<Application Id = "App"
… … …
        <Extensions>
            <uap:Extension Category = "windows.appService" EntryPoint = "WebServerTask.WebServerBGTask">
                <uap:AppService Name = "App2AppComService" />
            </uap:Extension>
        </Extensions>
    </Application>
</Applications>
```

之后，必须实现 BackgroundTask，它是由一个 Run 方法组成的 IBackgroundTask 接口的简单实现。在此方法中还实现了 WebServer 和应用到应用的通信。

```csharp
public sealed class WebServerBGTask : IBackgroundTask
{
    public void Run(IBackgroundTaskInstance taskInstance)
    {
        // Associate a cancellation handler with the background task.
        taskInstance.Canceled += OnCanceled;
        // Get the deferral object from the task instance
        _serviceDeferral = taskInstance.GetDeferral();
        var appService = taskInstance.TriggerDetails as AppServiceTriggerDetails;
        if (appService != null &&
            appService.Name == "App2AppComService")
        {
            _appServiceConnection = appService.AppServiceConnection;
            _appServiceConnection.RequestReceived += OnRequestReceived;
        }
    }
… … … … …
```

接着，来关注 BlinkyApp 工程，该工程与 7.3 节的示例十分相似。不同的是，允许使用 WebServer 来配置 LED 的开关状态。若要通过应用到应用的机制建立与 WebServer 应用的连接，需要完成如下三个步骤。

(1) 创建一个 AppServiceConnection 对象。

(2) 使用来自 WebServer 应用的信息配置 AppServiceConnection，包括：

- PackageFamilyName——这特定于每个应用。在本节示例中，PackageFamilyName 是 WebServer_hz258y3tkez3a（具体方法在 7.5.4 节中介绍）。它通过 Visual Studio 生成，合并了 appxmanifest 的 Identity.Name 属性和应用证书的哈希值。找到它的便捷方法是部署应用程序到 Windows 10 IoT Core 设备，并在建立会话的 PowerShell 中运行 iotstartup list。这将针对 HeadedMode 的应用列出 PackageFamilyName，同时，针对 HeadlessMode 的应用列出 PackageFullName。
- AppServiceName——这是在 appxmanifest 的 AppService.Name 属性中指定的值，此处为 App2AppComService。

（3）发送/接收消息。

7.5.4 部署与调试

如果要针对 Minnowboard Max 进行调试，选择体系结构下拉列表中的 x86；如果要针对 Raspberry Pi 2 进行生成，则选择 ARM。本例使用 Minnowboard Max 进行调试。

首先，将 WebServerApp 工程的 Build 属性设置为 Release，编译并且部署到 Minnowboard Max 中。然后，启用 PowerShell 与 Minnowboard Max 建立连接，并使用 iotstartup list 来查看 PackageFamilyName，如图 7-26 所示。

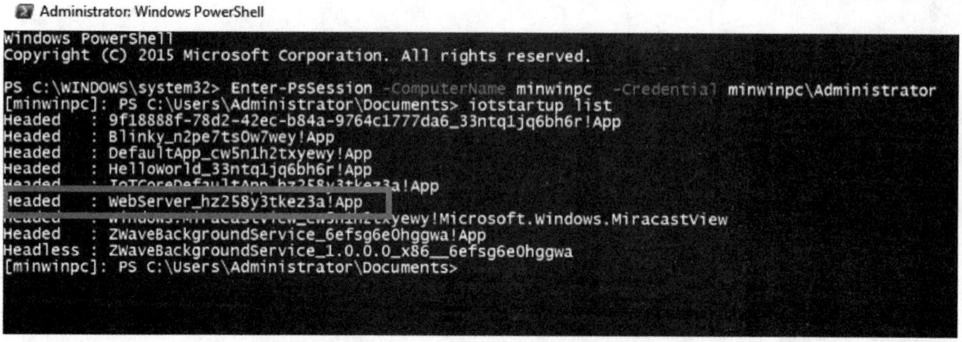

图 7-26　运行 iotstartup list 命令

部署完毕以后，若要使整个工程运行，必须使 WebServerApp 处于运行状态，可以通过基于网页的设备管理工具来启动该应用，具体可以参考 6.6 节，如图 7-27 所示。

在确认 WebServerApp 处于运行状态以后，可以编译并且部署 BlinkyApp 应用到 Minnowboard Max，采用同样的方法运行 BlinkyApp 应用，可以看到连接 Minnowboard Max 的显示器默认显示 LED 为 Off 状态，连接的 LED 灯也处于关闭状态。

然后，在同一局域网的另一台有网页浏览器软件的设备中启动网页浏览器，并且输入 Minnowboard Max 的 IP 和 Server 的端口号，此处为 http://192.168.0.103:8000，网页上就会显示对应的 LED 控制选项，如图 7-28 所示。

单击其中的 On 或 Off 单选按钮就可以控制 LED 的状态，如图 7-29、图 7-30 所示。

第7章　Windows 10 IoT Core例程

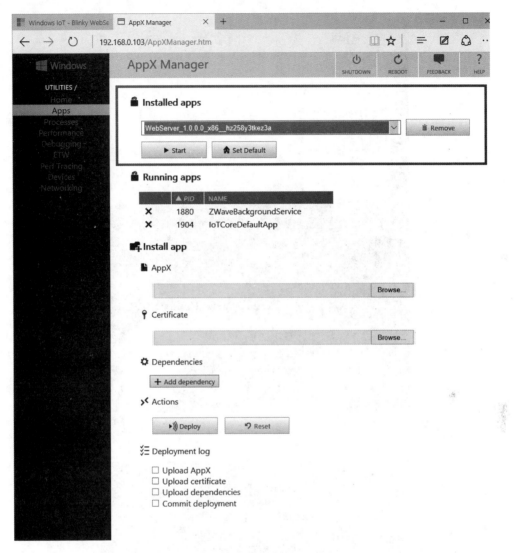

图 7-27　基于网页的设备管理工具启动应用

图 7-28　网页控制远端 LED 状态

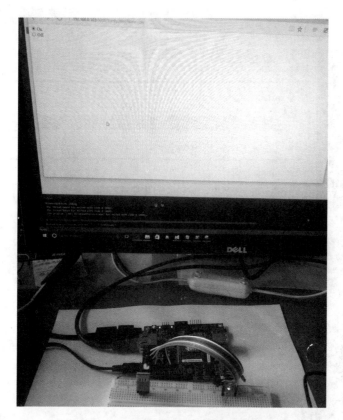

图 7-29 运行实物图

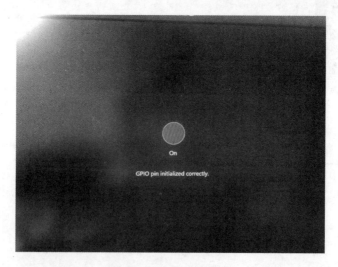

图 7-30 应用显示界面

7.6 I2C 接口通信

7.6.1 实例功能

本实例中,会使用 Raspberry Pi 2/MinnowBoard Max 上的 I2C 接口与 ADXL345 加速度模块通信,完成加速度数据的读取和显示。关于 ADXL345 加速度计,官方推荐的是 Sparkfun 生产的模块[2]。其实,只要是使用 ADXL345 芯片,且与外界通信的是 I2C 接口,也可以在本例中使用,例如,笔者使用了国内厂商 DFRobot 生产的 ADXL345 加速度计[3]。

7.6.2 硬件电路

本实例需要的元器件包括:ADXL345 加速度模块、面包板一块、两端分别为公母头的杜邦线若干、两端为公头的杜邦线若干,如图 7-31 所示。如果使用 MinnowBoard Max,则还需要一个 100 欧姆的电阻(也可以用 220 欧姆的电阻代替),这是由于 MinnowBoard Max 需要在 I2C SCK 上串联一个小值电阻来消除脉冲问题,具体可以参考链接[4]对应的网页中的 I2C 一节。

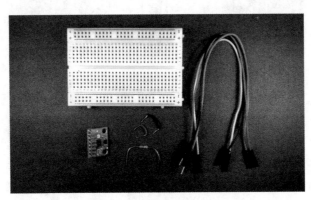

图 7-31　项目所需元器件

对于 Raspberry Pi 2,需要将电源、地线和 I2C 线接入加速计模块。那些熟悉总线通信的用户知道,通常需为 I2C 加入上拉电阻。但是,Raspberry Pi 2 的 I2C 引脚上已经有上拉电阻,所以不需要在此处添加任何其他外部的上拉电阻。注意,确保在连接电路时关闭 Raspberry Pi 2 的电源。

ADXL345 模块上有 8 个 IO 引脚,应按如下方式连接:
- GND:连接到 RPi2 上的地线(引脚 6)。
- VCC:连接到 RPi2 上的 3.3V(引脚 1)。
- CS:连接到 3.3V(实际上,ADXL345 既支持 SPI 协议,也支持 I2C 协议。若要选择 I2C,应将此引脚绑定到 3.3V)。
- INT1:无须连接,不会用到此引脚。

- INT2：无须连接，不会用到此引脚。
- SDO：连接到地线（在 I2C 模式下，此引脚用于选择设备地址。如果将此引脚连接到第二台设备上的 3.3V，则可以将两个 ADXL345 连接到相同的 I2C 总线）。
- SDA：连接到 RPi2 上的 SDA（引脚 3），这是 I2C 总线中的数据线。
- SCL：连接到 RPi2 上的 SCL（引脚 5），这是 I2C 总线中的时钟线。

具体元器件连接如图 7-32 所示。

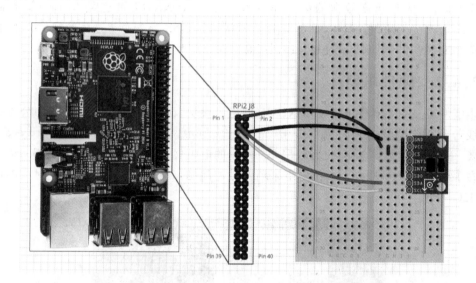

图 7-32 Raspberry Pi 2 元器件连接图

对应的电路原理图如图 7-33 所示。

对于 MinnowBoard Max，需要将电源、地线和 I2C 线接入加速计。熟悉 I2C 总线的用户知道，通常需安装上拉电阻。但是，MBM 的 IO 引脚上已经有阻值为 10k 欧姆的上拉电阻，所以不需要在此处添加任何其他外部上拉电阻。注意：确保在连接电路时关闭 MBM 电源。

ADXL345 模块上有 8 个 IO 引脚，应按如下方式连接：
- GND：连接到 MBM 上的地线（引脚 2）。
- VCC：连接到 MBM 上的 3.3V（引脚 4）。
- CS：连接到 3.3V（实际上，ADXL345 既支持 SPI 协议，也支持 I2C 协议。若要选择 I2C，应将此引脚绑定到 3.3V）。
- INT1：无须连接，不会用到此引脚。
- INT2：无须连接，不会用到此引脚。
- SDO：连接到地线（在 I2C 模式下，此引脚用于选择设备地址。如果将此引脚连接到第二台设备上的 3.3V，则可以将两个 ADXL345 连接到相同的 I2C 总线）。
- SDA：连接到 MBM 上的 SDA（引脚 15），这是 I2C 总线中的数据线。

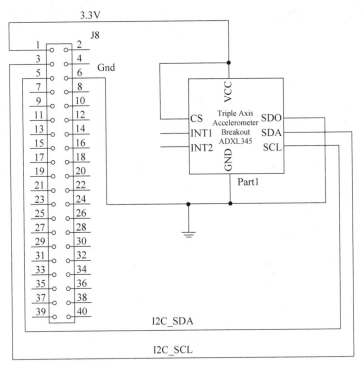

图 7-33 Raspberry Pi 2 连接原理图

- SCL：通过 100Ω 电阻器连接到 MBM 上的 SCL（引脚 13），这是 I2C 总线中的时钟线。具体元器件连接如图 7-34 所示。

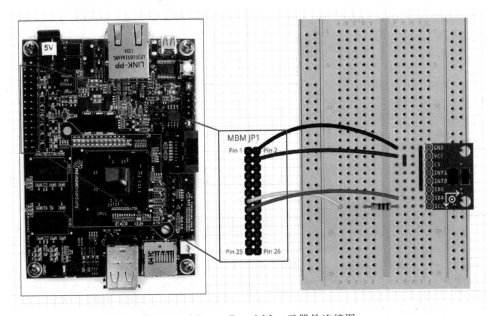

图 7-34 MinnowBoard Max 元器件连接图

其对应的电路原理图如图 7-35 所示。

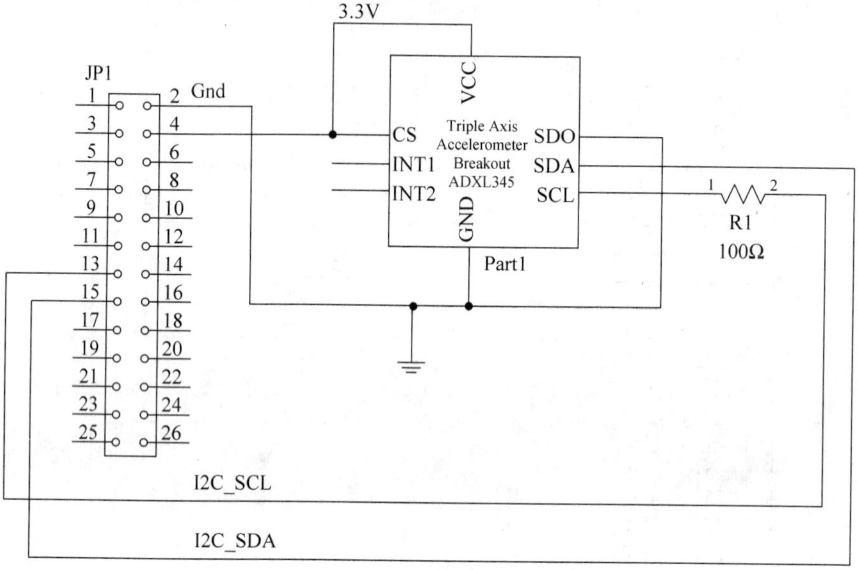

图 7-35　MinnowBoard Max 连接原理图

7.6.3　程序设计

界面设计相对比较简单，在 Grid 中加入 5 个 TextBlock 控件，分别用于显示 X、Y、Z 轴数据和运行状态，代码如下：

```
<Grid Background = "{ThemeResource ApplicationPageBackgroundThemeBrush}">
    <TextBlock x:Name = "Title" HorizontalAlignment = "Center" Margin = "0,250,0,0" TextWrapping = "Wrap" Text = "ADXL345 Accelerometer Data" VerticalAlignment = "Top" Height = "67" Width = "640" FontSize = "48" TextAlignment = "Center"/>
    <TextBlock x:Name = "Text_X_Axis" HorizontalAlignment = "Center" Margin = "0,322,0,0" TextWrapping = "Wrap" Text = "X Axis: Not Initialized" VerticalAlignment = "Top" Width = "312" FontSize = "26.667" Foreground = "#FFC71818" TextAlignment = "Center"/>
    <TextBlock x:Name = "Text_Y_Axis" HorizontalAlignment = "Center" Margin = "0,362,0,0" TextWrapping = "Wrap" Text = "Y Axis: Not Initialized" VerticalAlignment = "Top" Width = "312" FontSize = "26.667" Foreground = "#FF14D125" TextAlignment = "Center"/>
    <TextBlock x:Name = "Text_Z_Axis" HorizontalAlignment = "Center" Margin = "0,407,0,0" TextWrapping = "Wrap" Text = "Z Axis: Not Initialized" VerticalAlignment = "Top" Width = "312" FontSize = "26.667" Foreground = "#FF1352C1" TextAlignment = "Center"/>
    <TextBlock x:Name = "Text_Status" HorizontalAlignment = "Center" Margin = "0,452,0,0" TextWrapping = "Wrap" Text = "Status: Initializing ..." VerticalAlignment = "Top" Width = "1346" FontSize = "32" TextAlignment = "Center"/>
</Grid>
```

后台代码部分主要完成两个任务。

1. 初始化 I2C 总线和加速计

初始化 I2C 总线和加速计的方法封装在 private async void InitI2CAccel() 中，其代码如下：

```csharp
private async void InitI2CAccel()
{
    string aqs = I2cDevice.GetDeviceSelector();/* 获得系统 I2C 控制器的选择字符串 */
    var dis = await DeviceInformation.FindAllAsync(aqs);
    /* 寻找目标字符串对应的 I2C 总线控制器 */
    if (dis.Count == 0)
    {
        Text_Status.Text = "No I2C controllers were found on the system";
        return;
    }

    var settings = new I2cConnectionSettings(ACCEL_I2C_ADDR);
    settings.BusSpeed = I2cBusSpeed.FastMode;
    I2CAccel = await I2cDevice.FromIdAsync(dis[0].Id, settings);
    /* 根据选择的 I2C 控制器的设置信息，创建一个 I2C Device 设备 */
    if (I2CAccel == null)
    {
        Text_Status.Text = string.Format(
            "Slave address {0} on I2C Controller {1} is currently in use by " +
                " another application. Please ensure that no other applications are using I2C.",
            settings.SlaveAddress,
            dis[0].Id);
        return;
    }
    … …
}
```

其流程如下：

（1）获取适用于设备上的所有 I2C 控制器的选择器字符串。

（2）在系统上查找所有 I2C 总线控制器，并检查是否存在至少一个总线控制器。

（3）创建一个 I2C ConnectionSettings 对象，其中加速计地址为 ACCEL_I2C_ADDR (0x53)，总线速度设置为 FastMode(400kHz)。

（4）创建一个新 I2C Device，并检查它是否可供使用。

初始化加速度计的方法封装在 private async void InitI2CAccel() 中，其代码如下：

```csharp
private async void InitI2CAccel()
{
    /*
     * 初始化加速度传感器：
     *
```

```
 * 对于该设备,需要创建两个字节的写缓存:
 * 第一个字节用于存放目标寄存器的地址,第二个字节用于存放写的内容
 */
byte[] WriteBuf_DataFormat = new byte[] { ACCEL_REG_DATA_FORMAT, 0x01 };
/* 0x01 代表加速度传感器的返回值范围是正负 4G */
byte[] WriteBuf_PowerControl = new byte[] { ACCEL_REG_POWER_CONTROL, 0x08 };
/* 0x08 将加速度传感器设置为测试模式 */

/* 写寄存器设置 */
try
{
    I2CAccel.Write(WriteBuf_DataFormat);
    I2CAccel.Write(WriteBuf_PowerControl);
}
/* 如果写寄存器失败,则显示错误信息,程序停止运行 */
catch (Exception ex)
{
    Text_Status.Text = "Failed to communicate with device: " + ex.Message;
    return;
}
```

有了 I2C Device 加速计实例,这表示已经完成了 I2C 总线的初始化。现在,可以通过 I2C 写入数据,从而启动加速计,可以使用 Write() 函数执行此操作。对于这一特定加速计,存在两个内部寄存器,需要先进行配置,然后才能开始使用设备:数据格式寄存器和电源控制寄存器。

(1) 将 0x01 写入数据格式寄存器。此操作可将设备范围配置为−4G～+4G 模式。通过查阅数据表,可以看到设备可在多种测量模式(范围从 2G～16G)下进行配置。较高范围的设置可扩展测量模式的范围,但会导致分辨率降低。在这两个临界值之间,选择 4G 作为合理的折衷数值。

(2) 将 0x08 写入电源控制寄存器,这会将设备从待机状态中唤醒并开始测量加速度。同样,数据表中包含有关设备设置和功能的其他信息。

2. 定义一个时间间隔,定期从加速计读取相关数据并更新显示

在所有初始化均完成后,将启动一个计时器,以定期从加速计读取相关数据。其方法封装在 private void TimerCallback(object state) 函数中,其代码如下:

```
private void TimerCallback(object state)
{
    string xText, yText, zText;
    string statusText;

    /* 读取并格式化传感器数据 */
    try
    {
```

```csharp
        Acceleration accel = ReadI2CAccel();
        xText = String.Format("X Axis: {0:F3}G", accel.X);
        yText = String.Format("Y Axis: {0:F3}G", accel.Y);
        zText = String.Format("Z Axis: {0:F3}G", accel.Z);
        statusText = "Status: Running";
    }
    catch (Exception ex)
    {
        xText = "X Axis: Error";
        yText = "Y Axis: Error";
        zText = "Z Axis: Error";
        statusText = "Failed to read from Accelerometer: " + ex.Message;
    }

    /* 界面内容必须在 UI 线程中进行更新 */
    var task = this.Dispatcher.RunAsync(Windows.UI.Core.CoreDispatcherPriority.Normal, ()
=>
    {
        Text_X_Axis.Text = xText;
        Text_Y_Axis.Text = yText;
        Text_Z_Axis.Text = zText;
        Text_Status.Text = statusText;
    });
}
```

从上面的代码可以看到,从加速度计读取数据,调用的是 ReadI2CAccel() 方法,其原型如下:

```csharp
private Acceleration ReadI2CAccel()
{
    const int ACCEL_RES = 1024;              /* ADXL345 获得数据的精度是 10 位,即 1024 */
    const int ACCEL_DYN_RANGE_G = 8;
    /* ADXL345 获得数据的动态范围是 8G,将其配置为正负 4G */
    const int UNITS_PER_G = ACCEL_RES;
    / 原始的 int 类型数据转换为以 G 为单位的加速度数据时,需要的转换因子 */

    byte[] RegAddrBuf = new byte[] { ACCEL_REG_X };  /* 设置需要读取的寄存器的地址 */
    byte[] ReadBuf = new byte[6];
    /* 执行一次读取动作,就可以先后获得 3 轴加速度传感器的 6 个字节数据,每个轴的加速度值用两个字节表示 */

    /*
     * 从加速度传感器读取数据
     * 调用 WriteRead 方法,首先往 I2C 总线写寄存器的地址,然后读取返回的数据
     */
    I2CAccel.WriteRead(RegAddrBuf, ReadBuf);
```

```
/*
 * 为了获得原始的 16 位的数据,需要将读取的两个 8 位数据进行连接,通过 BitConverter 类
来完成该功能
 */
short AccelerationRawX = BitConverter.ToInt16(ReadBuf, 0);
short AccelerationRawY = BitConverter.ToInt16(ReadBuf, 2);
short AccelerationRawZ = BitConverter.ToInt16(ReadBuf, 4);
/* 转换原始数据重力速度(以原始数据 G 为单位)的数据 */
Acceleration accel;
accel.X = (double)AccelerationRawX / UNITS_PER_G;
accel.Y = (double)AccelerationRawY / UNITS_PER_G;
accel.Z = (double)AccelerationRawZ / UNITS_PER_G;
return accel;
}
```

其流程如下:

(1) 首先,通过 WriteRead() 函数从加速计读取数据。顾名思义,此函数先执行一次写入操作,随后执行一次读取操作。

(2) 初始写入时可指定要从中读取的寄存器地址(在本例中为 X 轴数据寄存器)。此写入操作可确保后续的读取操作都从此寄存器地址开始。

(3) 接下来,创建一个大小为 6 个字节的读取缓冲区,以便存放通过 I2C 读取的 6 个字节数据。由于此设备支持连续的读取操作,且 X、Y 和 Z 数据寄存器紧挨在一起,因此读取 6 个字节能一次性提供所有数据,还能确保加速度值不会在执行不同的读取操作时出现更改。

(4) 可从读取操作中获得 6 个字节数据。它们分别代表 X、Y 和 Z 数据寄存器中的相关数据。将分离出其各自的轴中所对应的数据,并使用 BitConverter 类连接字节。

(5) 原始数据采用的格式为 16 位整数,其中包含来自加速计的 10 位数据。它可以采用 -512~511 范围之内的值。读数 -512 对应于 -4G,而 511 则对应于 +4G。若要将此格式转换为以 G 为单位,需要用分辨率(1024)除以原尺寸范围的比例(8G)。

(6) 现在,数值已采用 G 为单位,可以在屏幕上显示相关数据。每 100 毫秒重复一次此过程,持续更新信息。

7.6.4 部署与调试

一切就绪后,打开设备电源,然后在 Visual Studio 中打开示例应用。在 Debug 选项卡中设置 Windows 10 IoT Core 设备的 IP 地址,本例中使用了 Minnowboard MAX,IP 地址为 192.168.0.103,如图 7-36 所示。

在 Visual Studio 中按 F5 键部署并启动 I2CAccelerometer 应用。如果硬件连接正确,应该会看到加速计数据显示在屏幕上,如图 7-37 所示。

第7章　Windows 10 IoT Core例程

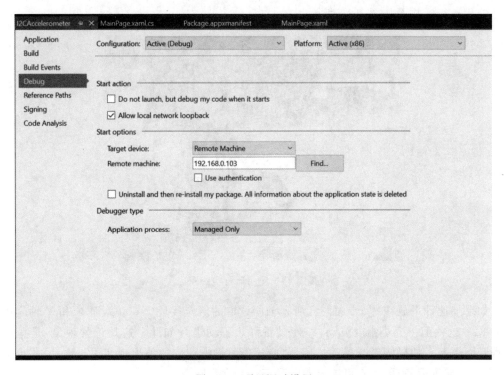

图 7-36　项目调试设置

图 7-37　应用程序界面

应用运行实物图如图 7-38 所示。

图 7-38　应用运行实物图

如果加速计平放在一个图面上,则 Z 轴所读取的值应接近 1.000G,而 X 和 Y 轴应接近 0.000G。这些值将会小幅度波动,即使设备静止不动也是如此。这是正常现象,是振动和电噪音而引起。如果倾斜或晃动传感器,应该能看到响应中的值出现变化。注意,此示例在 4G 模式下配置设备,因此不可能会看到高于 4G 的读数。

7.7　SPI 接口通信

7.7.1　实例功能

本实例中,会使用 Raspberry Pi 2/MinnowBoard Max 上的 SPI 接口与 ADXL345 加速度模块通信,完成加速度数据的读取和显示。关于 ADXL345 加速度计,和 7.6 节使用的模块一样,因为该模块既支持 I2C 接口,同时也支持 SPI 接口的通信。本实例的代码可以在 Github 上下载(见参考链接[5])。

7.7.2　硬件电路

本实例需要的元器件包括 ADXL345 加速度模块、面包板一块、两端分别为公母头的杜邦线若干、两端为公头的杜邦线若干,如图 7-39 所示。

对于 Raspberry Pi 2,需要将电源、地线和 SPI 接口接入加速计模块。那些熟悉总线通信的用户知道,通常需为 I2C 加入上拉电阻。注意,确保在连接电路时关闭 Raspberry Pi 2 的电源。

ADXL345 模块上有 8 个 IO 引脚,应按如下方式连接:

- GND:连接到 RPi2 上的地线(引脚 6)。

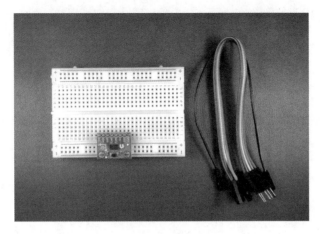

图 7-39　项目所需元器件

- VCC：连接到 RPi2 上的 3.3V（引脚 1）。
- CS：连接到 RPi2 上的 SPI0 CS0（引脚 24），该引脚是 SPI 总线的片选信号。
- INT1：无须连接，不会用到此引脚。
- INT2：无须连接，不会用到此引脚。
- SDO：连接到 RPi2 上的 SPI0 MISO（引脚 21）。
- SDA：连接到 RPi2 上的 SPI0 MOSI（引脚 19）。
- SCL：连接到 RPi2 上的 SPI0 SCLK（引脚 23），这是 SPI 总线中的时钟线。

具体实物连接如图 7-40 所示。

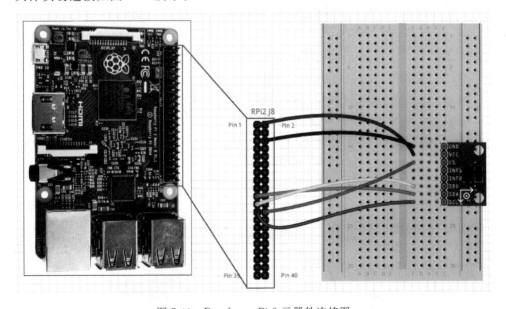

图 7-40　Raspberry Pi 2 元器件连接图

对应的电路原理图如图 7-41 所示。

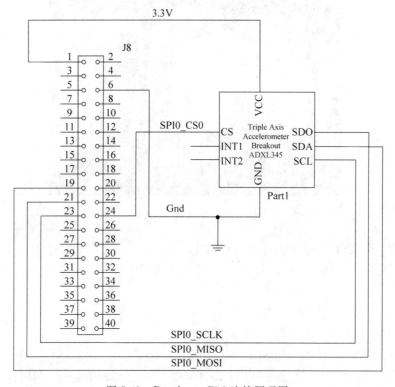

图 7-41 Raspberry Pi 2 连接原理图

对于 MinnowBoard Max，需要将电源、地线和 SPI 线接入加速计。注意：确保在连接电路时关闭 MBM 电源。

ADXL345 模块上有 8 个 IO 引脚，应按如下方式连接：
- GND：连接到 MBM 上的地线（引脚 2）。
- VCC：连接到 MBM 上的 3.3V（引脚 4）。
- CS：连接到 MBM 上的 SPI0 CS0（引脚 5）。
- INT1：无须连接，不会用到此引脚。
- INT2：无须连接，不会用到此引脚。
- SDO：连接到 MBM 上的 SPI0 MISO（引脚 7）。
- SDA：连接到 MBM 上的 SPI0 MOSI（引脚 9）。
- SCL：连接到 MBM 上的 SPI0 SCLK（引脚 11），这是 SPI 总线中的时钟线。

具体实物连接如图 7-42 所示。

对应的电路原理图如图 7-43 所示。

第7章 Windows 10 IoT Core例程

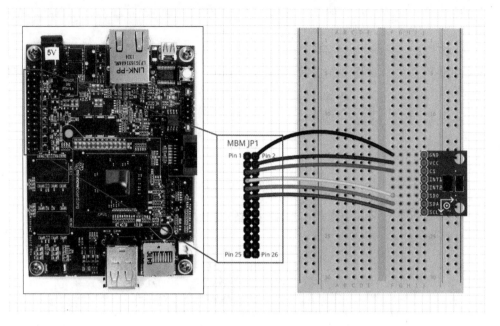

图 7-42 MinnowBoard Max 元器件连接图

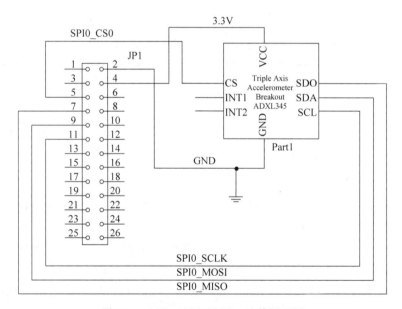

图 7-43 MinnowBoard Max 连接原理图

7.7.3 程序设计

界面设计相对比较简单，在 Grid 中加入 5 个 TextBlock 控件，分别用于显示 X、Y、Z 轴数据和运行状态,与 7.6 节一致。

后台代码部分主要完成如下两个任务。

1. 初始化 SPI 总线和加速计

初始化 SPI 总线和加速计的方法封装在 private async void InitSPIAccel()中,其代码如下:

```
private async void InitSPIAccel()
{
    try {
        var settings = new SpiConnectionSettings(SPI_CHIP_SELECT_LINE);
        settings.ClockFrequency = 5000000;/* ADXL345 芯片的 SPI 总线时钟为 5MHZ */
        settings.Mode = SpiMode.Mode3;
        /* 将 SpiMode 设置为 Mode3,使其相关寄存器值为 CPOL = 1, CPHA = 1 */

        string aqs = SpiDevice.GetDeviceSelector();
        /* 返回系统 SPI 总线控制器的 selector string */
        var dis = await DeviceInformation.FindAllAsync(aqs);
        /* 找到 SPI 总线控制器 selector string 对应的设备 */
        SPIAccel = await SpiDevice.FromIdAsync(dis[0].Id, settings);
        /* 根据 SPI 总线的设置,创建一个 SpiDevice */
        if (SPIAccel == null)
        {
            Text_Status.Text = string.Format(
                "SPI Controller {0} is currently in use by " +
                " another application. Please ensure that no other applications are using SPI.",
                dis[0].Id);
            return;
        }
    }
}
```

其流程如下:

(1) 创建 SpiConnectionSettings 对象,设置时钟频率(Clock Frequency)、时钟极性(Clock Polarity)和片选信号线。

(2) 在系统上查找所有 SPI 总线控制器,并检查是否存在至少一个总线控制器。

(3) 通过获取的 dis[0]创建一个 SpiDevice,并检查是否可用。

初始化加速度计的方法也封装在 private async void InitSPIAccel()中,其代码如下:

```
private async void InitSPIAccel()
{
    /*
     * 初始化加速度传感器:
     *
     * 对于该设备,需要创建两个字节的写缓存:
```

```
    * 第一个字节用于存放目标寄存器的地址,第二个字节用于存放写的内容
    */
    byte[] WriteBuf_DataFormat = new byte[] { ACCEL_REG_DATA_FORMAT, 0x01 };
    /* 0x01 代表加速度传感器的返回值范围是正负 4G */
    byte[] WriteBuf_PowerControl = new byte[] { ACCEL_REG_POWER_CONTROL, 0x08 };
    /* 0x08 将加速度传感器设置为测试模式 */
    /* 写寄存器设置 */
    try
    {
        SPIAccel.Write(WriteBuf_DataFormat);
        SPIAccel.Write(WriteBuf_PowerControl);
    }
    /* 如果写寄存器失败,则显示错误信息,程序停止运行 */
    catch (Exception ex)
    {
        Text_Status.Text = "Failed to communicate with device: " + ex.Message;
        return;
    }
```

已经有了 SpiDevice 加速计实例,这表示已经完成了 SPI 总线的初始化。现在,可以通过 SPI 写入数据,从而启动加速计。使用 Write() 函数执行此操作。对于这一特定加速计,存在两个内部寄存器,需要先进行配置,然后才能开始使用设备:数据格式寄存器和电源控制寄存器。

(1) 将 0x01 写入数据格式寄存器。此操作可将设备范围配置为 −4G~+4G 模式。通过查阅数据表,可以看到设备可在多种测量模式(范围从 2G~16G)下进行配置。较高范围的设置可扩展测量模式的范围,但会导致分辨率降低。在这两个临界值之间,选择 4G 作为合理的折衷数值。

(2) 将 0x08 写入电源控制寄存器,这会将设备从待机状态中唤醒并开始测量加速度。同样,数据表中包含有关设备设置和功能的其他信息。

2. 定义一个时间间隔,定期从加速计读取相关数据并更新显示

在所有初始化均完成后,将启动一个计时器,以定期从加速计读取相关数据。其方法封装在 private void TimerCallback(object state) 中,其代码如下:

```
private void TimerCallback(object state)
{
    string xText, yText, zText;
    string statusText;

    /* 读取并格式化传感器数据 */
    try
    {
        Acceleration accel = ReadAccel();
        xText = String.Format("X Axis: {0:F3}G", accel.X);
```

```
            yText = String.Format("Y Axis: {0:F3}G", accel.Y);
            zText = String.Format("Z Axis: {0:F3}G", accel.Z);
            statusText = "Status: Running";
        }
        catch (Exception ex)
        {
            xText = "X Axis: Error";
            yText = "Y Axis: Error";
            zText = "Z Axis: Error";
            statusText = "Failed to read from Accelerometer: " + ex.Message;
        }

        /* 界面内容必须在 UI 线程中进行更新 */
        var task = this.Dispatcher.RunAsync(Windows.UI.Core.CoreDispatcherPriority.Normal, ()
=>
        {
            Text_X_Axis.Text = xText;
            Text_Y_Axis.Text = yText;
            Text_Z_Axis.Text = zText;
            Text_Status.Text = statusText;
        });
    }
```

从上面的代码可以看到,从加速度计读取数据,调用的是 ReadAccel() 方法,其原型如下:

```
private Acceleration ReadAccel()
{
    const int ACCEL_RES = 1024;
    /* ADXL345 获得数据的精度是 10 位,即 1024 */
    const int ACCEL_DYN_RANGE_G = 8;
    /* ADXL345 获得数据的动态范围是 8G,将其配置为正负 4G */
    const int UNITS_PER_G = ACCEL_RES / ACCEL_DYN_RANGE_G;
    /* 原始的 int 类型数据转换为以 G 为单位的加速度数据时,需要的转换因子 */

    byte[] ReadBuf;
    byte[] RegAddrBuf;

    /*
     * 读取加速度传感器数据
     * 首先获得 X 轴加速度值,接着读取所有轴加速度值
     */
    switch (HW_PROTOCOL)
    {
        case Protocol.SPI:
```

```
            ReadBuf = new byte[6 + 1];        /* 读取 6 个字节的数据,加上 1 个字节的填充 */
            RegAddrBuf = new byte[1 + 6];     /* 寄存器缓冲区包含了 7 个字节的填充 */
            /* 需要读取的寄存器地址 */
            RegAddrBuf[0] =   ACCEL_REG_X | ACCEL_SPI_RW_BIT | ACCEL_SPI_MB_BIT;
            SPIAccel.TransferFullDuplex(RegAddrBuf, ReadBuf);
            Array.Copy(ReadBuf, 1, ReadBuf, 0, 6);   /* 丢弃读取的第一个字节数据 */
            break;
        case Protocol.I2C:
            ReadBuf = new byte[6];    /* 读取 6 个字节的数据,获得 3 个加速度值 */
            RegAddrBuf = new byte[] { ACCEL_REG_X }; /* 需要读取的寄存器的地址 */
            I2CAccel.WriteRead(RegAddrBuf, ReadBuf);
            break;
        default:                             /* 代码无法运行至此 */
            ReadBuf = new byte[6];
            break;
    }

    /* 检查系统的字节顺序,如有必要,对字节进行反转操作 */
    if (!BitConverter.IsLittleEndian)
    {
        Array.Reverse(ReadBuf, 0, 2);
        Array.Reverse(ReadBuf, 2, 2);
        Array.Reverse(ReadBuf, 4, 2);
    }

    /* 为了获得原始的 16 位的数据,需要将读取的两个 8 位数据进行连接 */
    short AccelerationRawX = BitConverter.ToInt16(ReadBuf, 0);
    short AccelerationRawY = BitConverter.ToInt16(ReadBuf, 2);
    short AccelerationRawZ = BitConverter.ToInt16(ReadBuf, 4);

    /* 转换原始数据为重力加速度(以 G 为单位)的数据 */
    Acceleration accel;
    accel.X = (double)AccelerationRawX / UNITS_PER_G;
    accel.Y = (double)AccelerationRawY / UNITS_PER_G;
    accel.Z = (double)AccelerationRawZ / UNITS_PER_G;

    return accel;
}
```

其流程如下:

(1) 通过 TransferFullDuplex()函数从加速计读取数据。此函数先执行一次写入操作,随后执行一次读取操作。

(2) 初始写入时可指定要从中读取的寄存器地址(在本例中为 X 轴数据寄存器)。此方法在同一个事务中执行 SPI 写操作和 SPI 读操作。

(3)接下来,创建一个大小为6个字节的读取缓冲区,以便存放通过SPI读取的6个字节数据。由于此设备支持连续的读取操作,且X、Y和Z数据寄存器紧挨在一起,因此读取6个字节能一次性提供所有数据,还能确保加速度值不会在执行不同的读取操作时出现更改。

(4)可从读取操作中获得6个字节数据。它们分别代表X、Y和Z数据寄存器中的相关数据。分离出其各自的轴中所对应的数据,并使用BitConverter类连接字节。

(5)原始数据采用的格式为16位整数,其中包含来自加速计的10位数据。它可以采用-512~511范围之内的值。读数-512对应于-4G,而511则对应于+4G。若要将此格式转换为以G为单位,需要用分辨率(1024)除以原尺寸范围的比例(8G)。

(6)现在,数值已采用G为单位,可以在屏幕上显示相关数据。每100毫秒重复一次此过程,持续更新信息。

7.7.4 部署与调试

一切就绪后,打开设备电源,然后在Visual Studio中打开示例应用。注意,确保MainPage.xaml.cs文件中,私有字段HW_PROTOCOL的值为Protocol.SPI。然后,在Debug中设置Windows 10 IoT Core设备的IP地址,本例中使用了Minnowboard MAX,IP地址为192.168.0.103,如图7-44所示。

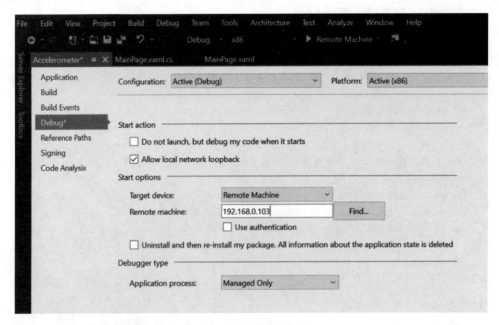

图7-44 项目调试配置

接下来,在Visual Studio中按F5键部署并启动应用。如果硬件连接正确,会看到加速计数据显示在屏幕上,如图7-45所示。

图 7-45　应用程序界面

7.8　串口通信

7.8.1　实例功能

本实例将创建一个 Universal 的串口应用程序,用于 Windows 平台的串口通信。也就是说,本实例不仅仅可以用在 IoT 设备上,也能够在 PC 和 Mobile 设备上运行。主要功能包括设备当前可用串口的枚举与显示、连接串口的选择、数据的发送、数据的接收和串口操作的状态信息提示。

7.8.2　硬件电路

目前,只有 MinnowBoard Max 支持板载的 UART 通信,如果要使用 Raspberry Pi 2 的串口,只能选择 USB 转 TTL UART 模块。下面就具体介绍这两种开发板上使用串口通信的硬件连接。

1. 使用 MinnowBoard Max 的板载 UART 通信接口

MinnowBoard Max 板载了两个可用的 UART 接口,即 UART1 和 UART2,其引脚定义如下:

- UART1 使用 GPIO 引脚 6,8,10 和 12。
- UART2 使用 GPIO 引脚 17 和 19。

其引脚映射如图 7-46 所示。

其中,UART1 支持握手信号 CTS 和 RTS,UART2 则不支持。

这里,以 UART2 为例,给出其与 USB 转 TTL UART 模块的连接如下:

- MinnowBoard Max 的扩展引脚 1(GND)连接 USB 转 TTL UART 模块的 GND。
- MinnowBoard Max 的扩展引脚 17(TX)连接 USB 转 TTL UART 模块的 RX。
- MinnowBoard Max 的扩展引脚 19(RX)连接 USB 转 TTL UART 模块的 TX。

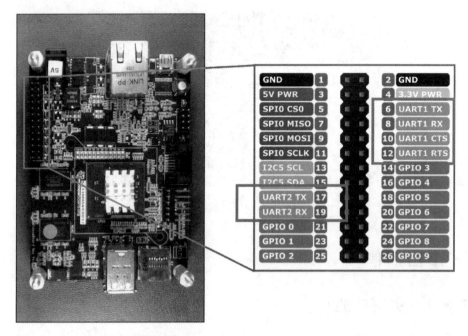

图 7-46　MinnowBoard Max 板载 UART 的引脚映射

其中，USB 转 TTL UART 模块的 VCC 可以不用连接，实物连接如图 7-47 所示。

图 7-47　USB 转 TTL UART 模块与 MinnowBoard Max 的连接

最后，将 USB 转 TTL UART 模块插入 PC 的 USB 接口，完成硬件连接。

2. 使用 Raspberry Pi 2 的 USB 接口

在基于 Windows 10 IoT Core 的 Raspberry Pi 2 上还不支持板载的 UART，需要使用 USB 转 TTL UART 来虚拟出一个串口。而且，目前版本的 IoT Core 系统中，只支持

Silicon Labs 公司的 CP2102 USB 转 TTL UART 模块。因此，如果想要在 Raspberry Pi 2 上使用串口通信的用户请注意，购买 USB 转 TTL UART 模块时，一定要选择基于 CP2102 的模块。

下面，以 Raspberry Pi 2 和 PC 的 UART 串口通信为例，给出其引脚连接方式如下：
- USB-to-TTL cable 插入到 PC。
- USB-to-TTL module 插入到 Raspberry Pi 2。
- USB-to-TTL cable 的 GND 和 USB-to-TTL module 的 GND 连接。
- USB-to-TTL cable 的 RX 和 USB-to-TTL module 的 TX 连接。
- USB-to-TTL cable 的 TX 和 USB-to-TTL module 的 RX 连接。

实物连接如图 7-48 所示。

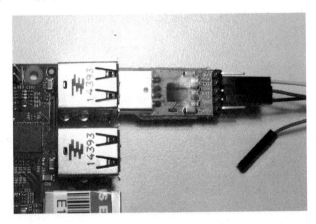

图 7-48　Raspberry Pi 2 与 USB-to-TTL module 的连接

7.8.3　程序设计

本实例的源代码可以到参考链接[6]下载，下面一起来分析整个工程设置和主要相关代码。

1. Package.appxmanifest 文件处理

由于本实例使用了设备的串口，因此需要在 Package.appxmanifest 文件中添加对应的 DeviceCapability。使用 View Code 的方式打开 Package.appxmanifest 文件，并且在 Capabilities 元素中添加以下内容：

```
<Capabilities>
    <DeviceCapability Name = "serialcommunication">
        <Device Id = "any">
            <Function Type = "name:serialPort" />
        </Device>
    </DeviceCapability>
</Capabilities>
```

2. 界面设计

在应用程序的界面设计文件 MainPage.xaml 中,首先将整个界面分为 6 个 Row,每一个 Row 的高度由其内部的控件的高度决定。对应的代码如下:

```xml
<Grid.RowDefinitions>
    <RowDefinition Height="Auto"/>
    <RowDefinition Height="Auto"/>
    <RowDefinition Height="Auto"/>
    <RowDefinition Height="Auto"/>
    <RowDefinition Height="Auto"/>
    <RowDefinition Height="Auto"/>
</Grid.RowDefinitions>
```

接着,为第一个 Row 添加内容,主要是使用了 TextBlock 控件,用于显示应用程序标题,代码如下:

```xml
<TextBlock Grid.Row="0" x:Name="pageTitle" Text="Serial UART Sample" Style="{StaticResource HeaderTextBlockStyle}"
           IsHitTestVisible="false" TextWrapping="NoWrap" HorizontalAlignment="Left" VerticalAlignment="Center" Margin="150,10,0,30"/>
```

然后,用 StackPanel 作为容器,其中包含了一个 TextBlock 控件和一个 ListBox,ListBox 控件的内容绑定到 DeviceListSource,主要用于显示系统当前可用的串口,代码如下:

```xml
<StackPanel Grid.Row="1" x:Name="ContentRoot" HorizontalAlignment="Left" VerticalAlignment="Center" Orientation="Horizontal" Margin="150,0,12,20">
    <TextBlock Text="Select Device:" HorizontalAlignment="Left" Width="100" VerticalAlignment="Top" Margin="0,0,0,0"/>
    <ListBox x:Name="ConnectDevices" ItemsSource="{Binding Source={StaticResource DeviceListSource}}" Height="150" Background="Gray">
        <ListBox.ItemTemplate>
            <DataTemplate>
                <TextBlock Text="{Binding Id}" />
            </DataTemplate>
        </ListBox.ItemTemplate>
    </ListBox>
</StackPanel>
```

第三行 Row 中放置了两个 Button 控件,用于接收串口连接和断开的操作,代码如下:

```xml
<StackPanel Grid.Row="2" HorizontalAlignment="Left" VerticalAlignment="Center" Orientation="Horizontal" Margin="150,0,12,20">
    <Button Name="comPortInput" Width="100" Margin="100,0,30,0" Content="Connect" Click="comPortInput_Click"/>
    <Button Name="closeDevice" Content="Disconnect And Refresh List" Width="250" Margin="0,0,30,0" Click="closeDevice_Click"/>
```

```
</StackPanel>
```

第四行 Row 中放置了一个 TextBlock、一个 TextBox 和一个 Button 控件,用于用户输入想要通过串口发送的数据,代码如下:

```
< StackPanel Grid.Row = "3" HorizontalAlignment = "Left" VerticalAlignment = "Center" Orientation = "Horizontal" Margin = "150,0,12,20">
    < TextBlock Text = "Write Data:" HorizontalAlignment = "Left" Width = "100" VerticalAlignment = "Top" Margin = "0,0,0,0"/>
    <TextBox Name = "sendText" Width = "300" Height = "80" Margin = "0,0,30,0"/>
    <Button Name = "sendTextButton" Content = "WRITE" Height = "30" Width = "100" Margin = "0,0,30,0" Click = "sendTextButton_Click"/>
</StackPanel>
```

第五行 Row 中放置了一个 TextBlock 和一个 TextBox 控件,用于显示串口接收到的数据,其显示内容的更新通过 TextChanged 事件实现。代码如下:

```
< StackPanel Grid.Row = "4" HorizontalAlignment = "Left" VerticalAlignment = "Center" Orientation = "Horizontal" Margin = "150,0,12,20">
    <TextBlock Text = "Read Data:" HorizontalAlignment = "Left" Width = "100" VerticalAlignment = "Top" Margin = "0,0,0,0"/>
    <TextBox Name = "rcvdText" Width = "300" Height = "80" Margin = "0,0,30,0" TextChanged = "rcvdText_TextChanged" />
</StackPanel>
```

最后一行 Row 中放置了一个 ScrollViewer 容器,并且在其中嵌入 TextBox 控件,用于显示串口处理操作的消息和状态信息,代码如下:

```
< ScrollViewer Grid.Row = "5" Margin = "150, 0, 0, 0" HorizontalAlignment = "Left" VerticalAlignment = "Center" >
    < TextBox
        x:Name = "status" TextWrapping = "Wrap" IsReadOnly = "True" Height = "200" Width = "600" HorizontalAlignment = "Left" VerticalAlignment = "Top"
            ScrollViewer.HorizontalScrollBarVisibility = "Disabled" ScrollViewer.VerticalScrollBarVisibility = "Auto"/>
</ScrollViewer>
```

3. 后台代码

1) 添加命名空间引用

对于串口的操作,需要使用 Windows.Devices.SerialCommunication 这个命名空间,所以必须添加对该命名空间的引用。

2) 打开串口

本实例将枚举所有连接到设备的串口,并将其显示在 ListBox 控件上,当用户单击 Connect 按钮时,将打开用户选择的串口,其代码如下:

```
private async void comPortInput_Click(object sender, RoutedEventArgs e)
```

```csharp
{
    var selection = ConnectDevices.SelectedItems;     // 从 ListBox 中获取用户选择的内容
    //...
    DeviceInformation entry = (DeviceInformation)selection[0];
try
    {
        serialPort = await SerialDevice.FromIdAsync(entry.Id);
        //...
        // 配置串口设置
        serialPort.WriteTimeout = TimeSpan.FromMilliseconds(1000);
        serialPort.ReadTimeout = TimeSpan.FromMilliseconds(1000);
        serialPort.BaudRate = 9600;
        serialPort.Parity = SerialParity.None;
        serialPort.StopBits = SerialStopBitCount.One;
        serialPort.DataBits = 8;
        //...
    }
    catch (Exception ex)
    {
        //...
    }
}
```

注意：代码中明确了串口的配置参数，包括 9600 波特率、8 位数据位、1 位停止位和无奇偶校验等。如果用户需要改变，可以在这里做更改。

3）串口数据接收

在 rcvdText_TextChanged 中，创建 DataReader 对象，只要 SerialDevice 的 InputStream 有数据，就会通过 ReadAsync 这个异步任务去读取数据，其代码片段如下：

```csharp
private async void comPortInput_Click(object sender, RoutedEventArgs e)
{
    //...
    rcvdText.Text = "Waiting for data...";
    //...
}

private async void rcvdText_TextChanged(object sender, TextChangedEventArgs e)
{
    //...
    DataReaderObject = new DataReader(serialPort.InputStream);
    await ReadAsync(ReadCancellationTokenSource.Token);
    //...
    if (DataReaderObject != null)
    {
        DataReaderObject.DetachStream();
        DataReaderObject = null;
```

        }
}

```csharp
private async Task ReadAsync(CancellationToken cancellationToken)
{
    //...
    uint ReadBufferLength = 1024;
    // 如果任务请求被取消,则执行该取消操作
    cancellationToken.ThrowIfCancellationRequested();
    // 设置 InputStreamOptions 属性,使得在 1 个或者多个字节接收的时候可以执行异步操作
    dataReaderObject.InputStreamOptions = InputStreamOptions.Partial;
    // 创建一个 task 对象来等待 serialPort.InputStream 中的接收数据
    loadAsyncTask = dataReaderObject.LoadAsync(ReadBufferLength).AsTask(cancellationToken);
    // 启动任务并等待
    UInt32 bytesRead = await loadAsyncTask;
    //...
}
```

4) 串口数据发送

对于串口数据的发送,需要由用户单击 sendTextButton 来触发,在 sendTextButton_Click 事件处理中,声明一个 DataWriter 对象,将用户在发送数据 TExtBox 中的内容通过 serialPort 的 OutputStream 发送出去。其代码片段如下:

```csharp
private async void sendTextButton_Click(object sender, RoutedEventArgs e)
{
    //...
    // 创建 DataWriter 对象,并附属到 OutputStream 之上
    dataWriteObject = new DataWriter(serialPort.OutputStream);
    //启动 WriteAsync 任务进行串口数据发送
    await WriteAsync();
    //..
    dataWriteObject.DetachStream();
    dataWriteObject = null;
}

private async Task WriteAsync()
{
    Task<UInt32> storeAsyncTask;
    //...
    // 从 sendText 中获取用户输入的文本信息,并传送给 dataWriter 对象
    dataWriteObject.WriteString(sendText.Text);
    // 启动异步任务来完成串口数据发送操作
    storeAsyncTask = dataWriteObject.StoreAsync().AsTask();
    //...
}
```

5）释放串口资源

当用户单击关闭串口时，应用程序需要删除所有的 IO 操作，并释放所有串口相关的对象资源。代码片段如下：

```
private void closeDevice_Click(object sender, RoutedEventArgs e)
{
    try
    {
        CancelReadTask();
        CloseDevice();
        ListAvailablePorts();        //刷新可用设备的信息列表
    }
    catch (Exception ex)
    {
        //...
    }
}

private void CloseDevice()
{
    if (serialPort != null)
    {
        serialPort.Dispose();
    }
    //...
}
```

7.8.4 部署与调试

由于本应用程序是 Universal 的应用，因此既可以部署到 PC 设备，也可以部署到 IoT 设备上。这里，将在 MinnowBoard Max 这个 IoT 设备上部署应用程序，在 PC 设备上使用串口调试助手与其交互。

使用杜邦线将 USB 转 TTL UART 模块和 MinnowBoard Max 的板载 UART2 连接，然后将其 USB 口插入 PC 的 USB 接口，注意，此处使用的 USB 转 TTL UART 模块必须是安装了 PC 驱动，并且能够正常工作，具体可以参考 3.5 节的内容，了解 USB 转 TTL UART 模块的工作原理。在 PC 端打开串口调试助手工具，并且选择 USB 转 TTL UART 模块对应的 COM 号，以前面代码中配置的参数打开：9600 波特率、8 个数据位、1 个停止位、无奇偶校验。通过 MinnowBoard Max 的 USB 接口连接鼠标和键盘，为后面的串口交互做好准备。

打开应用程序，选择 x86 方式编译，参考 7.1.4 节的方式设置设备的 IP 地址，启动调试。应用程序显示的界面如图 7-49 所示。

由于 MinnowBoard Max 板载了两个 UART，因此，在第一个 ListBox 控件中显示了两

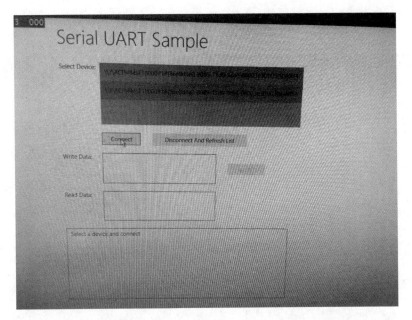

图 7-49 应用程序在 MinnowBoard Max 上运行的显示界面

个 UART 资源,由于在硬件连接时,使用的是板载的 UART2,因此这里使用鼠标选中它。单击 Connect 打开串口,如果硬件没有问题,应用程序会在消息提示框中显示串口的操作参数,如图 7-50 所示。

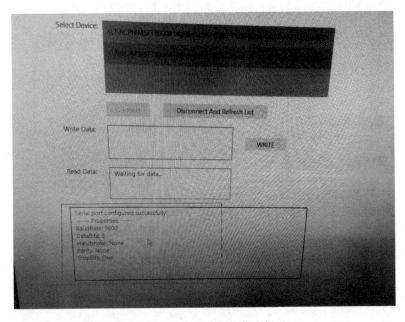

图 7-50 串口打开操作信息提示

用户可以在 Write Data 对应的 TextBox 控件中输入需要发送的内容,如"Hello From Windows 10 IoT Core",单击 WRITE 按钮,下面的状态栏会提示发送成功,如图 7-51 所示。

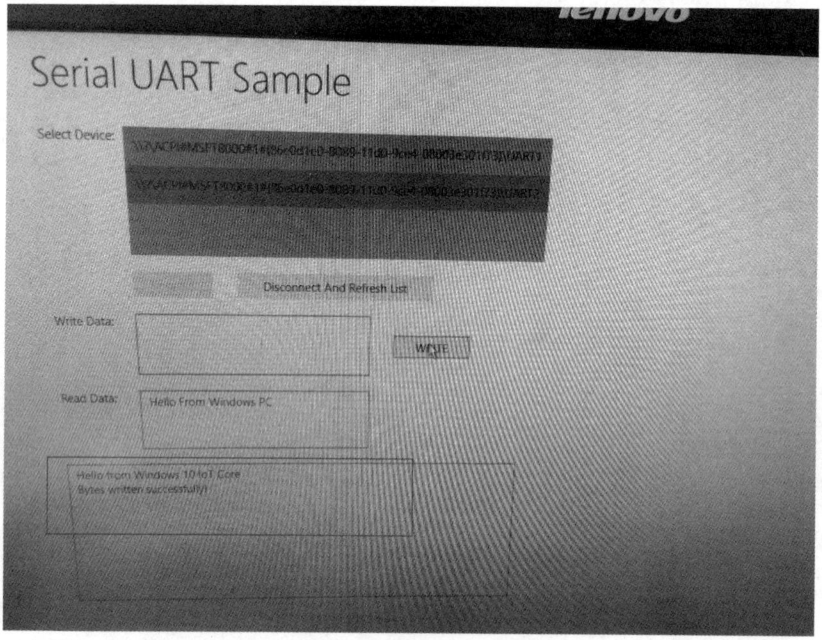

图 7-51 串口发送数据

同时,在 PC 的串口调试助手上,也能看到这个消息,如图 7-52 所示。

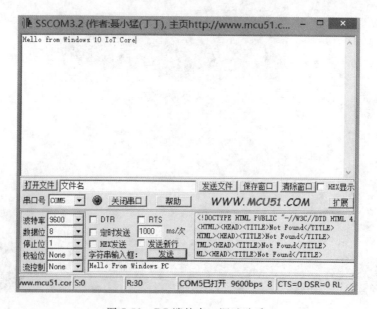

图 7-52 PC 端的串口调试助手

用户可以在 PC 的串口调试助手上输入需要发送的内容，如"Hello From Windows PC"，单击 WRITE 按钮，就可以在 Windows 10 IoT Core 设备连接的显示器上看到这个信息，如图 7-53 所示。

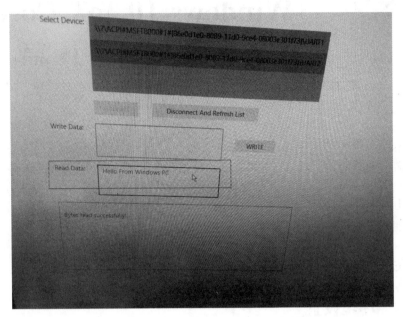

图 7-53　在 Windows 10 IoT Core 设备的串口数据接收

7.9　动手练习

1. 在 7.3 节和 7.4 节内容的基础上，制作一个简单的抢答器，具体需求为：加入两个按钮和两个不同颜色的 LED 灯，如果程序检测到任何一个按钮为低电平，就点亮该按钮对应的 LED 灯，持续时间为 3 秒，3 秒后熄灭，并且通过 Log() 方法打印信息，提示是哪个按钮按下。

2. 结合 7.6、7.7 和 7.8 节内容，将加速度传感器信息在 UI 界面上显示的同时，通过串口输出，设定串口参数为：9600 波特率、8 位数据位、1 位停止位。

参考链接

[1]　https://github.com/ms-iot/samples/tree/develop/App2App%20WebServer
[2]　https://www.sparkfun.com/products/9836
[3]　http://www.dfrobot.com.cn/goods-297.html
[4]　http://ms-iot.github.io/content/zh-CN/win10/samples/PinMappingsMBM.htm
[5]　https://github.com/ms-iot/samples/tree/develop/Accelerometer
[6]　https://github.com/ms-iot/samples/tree/develop/SerialSample

第 8 章 Windows 10 IoT Core 应用之 Node.js 篇

Node.js 是一个基于 Chrome JavaScript 运行时建立的平台,用于方便地搭建响应速度快、易于扩展的网络应用。Node.js 利用事件驱动和非阻塞 I/O 模型,达到轻量和高效的目的,非常适合在分布式设备上运行数据密集型的实时应用。正因为上述优点和特性,Windows 10 IoT Core 中也加入了对 Node.js 的支持。本章将带领开发者学习如何搭建开发环境,创建基于 Node.js 的工程,以及如何部署到目标设备上进行调试。

8.1 Hello World 例程

8.1.1 环境设置

除了 Windows 10 和 Visual Studio 2015 之外,还需要安装的工具包括适用于 Visual Studio 2015 的 Node.js 工具 NTVS[1] 和 NTVS IoT Extension[2],若读者的 Windows 10 IoT Core 版本为 Beta 版本,那么,NTVS 的版本为 1.1 Beta,NTVS IoT Extension 版本为 2015/5/8,如图 8-1 所示。其中,后者需要使用 LiveID 账号在 Microsoft Connect 网站上进行注册,具体步骤可以参考 5.4 节,下载并安装这两个工具。如果读者使用了 Windows 10 IoT Core RTM 版本,且 Visual Studio 2015 也是 RTM 版本,那么,需要安装的 Node.js 工具为 Node.js Tools for Windows IoT 1.1 和 NTVS 1.1 RC for VS 2015,其下载链接地址可参考链接[3]。

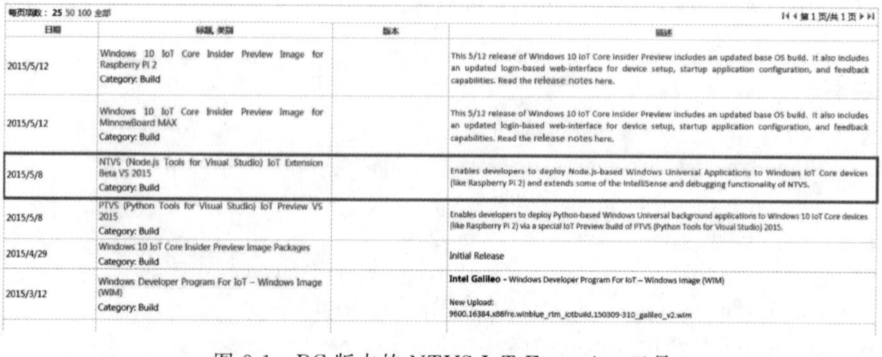

图 8-1 RC 版本的 NTVS IoT Extension 工具

8.1.2 工程创建

启动 Visual Studio 2015，创建新项目（即选择"File→New Project"命令）。在 New Project 对话框中，导航到 Node.js，即在该对话框的左侧窗格中展开"Temples→JavaScript→Node.js"节点，选择模板 Basic Node.js Web Server（Windows Universal），如图 8-2 所示。

图 8-2　Basic Node.js Web Server 工程创建

工程创建以后，解决方案资源管理器界面如图 8-3 所示，导航到 server.js 文件。

可以发现，默认的 server.js 文件中创建了一个简单的服务器，通过 Hello World 来回应 1337 端口的请求：

```
var http = require('http');
http.createServer(function (req, res) {
    res.writeHead(200, { 'Content-Type': 'text/plain' });
    res.end('Hello World\n');
}).listen(1337);
```

8.1.3 程序设计

下面，将修改 server.js 文件，当用户访问时，返回服务器当前的时间。为实现该功能，可以在 Node.js 中使用 UWP 命名空间，并利用 Windows.Globalization.Calendar 的

图 8-3　Visual Studio 生成的工程结构

getDateTime 方法获取当前时间，具体代码如下：

```
var http = require('http');
var uwp = require("uwp");
uwp.projectNamespace("Windows");
var calendar = new Windows.Globalization.Calendar();
http.createServer(function (req, res) {
    res.writeHead(200, { 'Content-Type': 'text/plain' });
    var date = calendar.getDateTime();
    res.end(String(date));
}).listen(1337);
uwp.close();
```

8.1.4　部署与调试

用鼠标选中当前的 NodejsWebServer 项目，单击鼠标右键，在弹出的菜单中选择 Properties 命令。然后，在 Remote Machine 中输入 Windows IoT Core 设备的 IP 地址，Node arguments 采用默认的"—no-console --debug"，如图 8-4 所示。

如果针对 Minnowboard Max 进行 Build，选择下拉列表中的 x86。如果要针对 Raspberry Pi 2 进行生成，则选择 ARM。本例使用 Minnowboard Max 进行调试，选择 x86

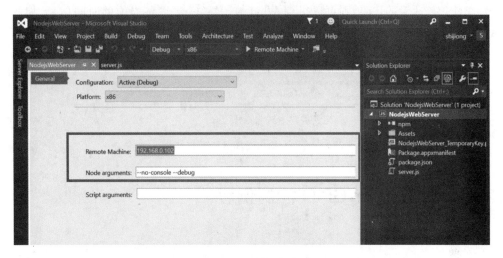

图 8-4　工程调试设置

方式进行代码生成。

如果开发者使用的是 8.1.1 节所述的 Beta 版本,则项目生成以后,按 F5 键进行调试时,细心的朋友会发现,在 Visual Studio 的 Output 窗口中,可能会看到消息"Error-Cannot load global packages"。因为目前尚不支持在项目中使用 npm 功能,但是这不会影响代码生成过程,因此可以忽略。而且,在项目运行过程中,Output 窗口也会提示 JavaScript 的运行错误,如图 8-5 所示,但是这并不影响程序功能。RTM 版本不会出现此错误消息。

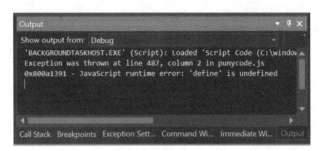

图 8-5　调试输出信息

应用程序部署完毕以后,可以使用浏览器访问 Windows IoT Core 设备的 1337 端口,如果使用默认的程序,则会得到 Hello World 的结果,如图 8-6 所示。

图 8-6　程序输出结果

如果使用修改后的代码,则可以得到 Windows IoT Core 设备当前的时间信息,如图 8-7 所示。

图 8-7　添加输出时间后的运行结果

8.2　Node Server-GPIO 控制例程

8.2.1　实例功能

本例程使用网页控制 Windows 10 IoT Core 设备连接的 LED 灯的状态。其主要思想是,Windows 10 IoT Core 设备运行 Node.js 服务,远端网页发送控制请求时,Node.js 服务改变本地 IoT Core 设备的 GPIO 引脚状态,从而达到控制所连接的 LED 灯的目的。本实例的源代码下载链接为 BlinkyServer/Node.js[4]。

8.2.2　硬件电路

本例程使用的硬件电路与 7.3 节一致,需要注意的是,程序中采用的 GPIO 引脚号与实际连接的 GPIO 对应。

8.2.3　程序设计

启动 Visual Studio 2015,创建新项目(即选择"File→New Project"命令)。在 New Project 对话框中,导航到 Node.js,即在该对话框的左侧窗格中展开"Temples→JavaScript→Node.js"节点,选择模板 Basic Node.js Web Server(Windows Universal),如图 8-8 所示。

工程创建以后,解决方案资源管理器界面如图 8-3 所示,导航到 server.js 文件,修改代码如下:

```
var http = require('http');
var uwp = require("uwp");
uwp.projectNamespace("Windows");
var gpioController = Windows.Devices.Gpio.GpioController.getDefault();
var pin = gpioController.openPin(5);
pin.setDriveMode(Windows.Devices.Gpio.GpioPinDriveMode.output)
var currentValue = Windows.Devices.Gpio.GpioPinValue.low;
pin.write(currentValue);

http.createServer(function (req, res) {
    if (currentValue == Windows.Devices.Gpio.GpioPinValue.high) {
```

第8章　Windows 10 IoT Core应用之Node.js篇　179

图 8-8　新建 Node Web Server 工程

```
        currentValue = Windows.Devices.Gpio.GpioPinValue.low;
    } else {
        currentValue = Windows.Devices.Gpio.GpioPinValue.high;
    }
    pin.write(currentValue);
    res.writeHead(200, { 'Content-Type': 'text/plain' });
    res.end('LED value: ' + currentValue + '\n');
}).listen(1337);

uwp.close();
```

以上代码段的主要思想是：
- 调用 GpioController.getDefault() 以获取 GPIO 控制器。
- 尝试通过使用 LED 引脚值调用 GpioController.openPin() 来打开引脚。
- 获取 pin 后，使用 GpioController.write() 函数将其设置为高电平状态（High）。
- 当向服务器发出请求时，该 LED 的值将被选中，然后设置为与当前值相反的值。执行此操作的结果是：服务器每响应一次请求，就改变一次 LED 灯的状态。

注意：代码段 var pin = gpioController.openPin(5) 中的引脚号需要与 7.3 节一致，否则程序将无法正常运行。

8.2.4　部署与调试

部署与调试的过程和 8.1 节类似，需要注意的是，在 Remote Machine 中输入 Windows

IoT Core 设备的 IP 地址，Node arguments 采用默认的"—no-console --debug"。

在同一局域网内，通过浏览器访问 Windows IoT Core 设备的 1337 端口，此处为 http://192.168.0.102:1337，如图 8-9 所示。

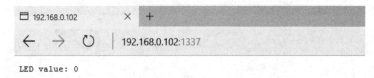

图 8-9　Edge 浏览器访问 Node Web Server

程序启动时，默认 LED 关闭，LED value 为 1。之后，每次刷新浏览器，就会改变 LED 灯的亮灭状态，如图 8-10 所示。

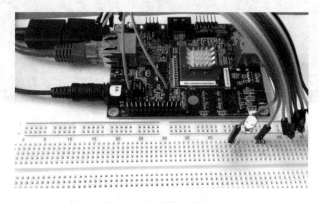

图 8-10　实物运行图

8.3　动手练习

1. 参考 8.1 节内容，搭建 Windows 10 IoT Core 的 Node.js 开发环境。

2. 参考 8.2 节内容，创建一个 Node.js Web Server 应用程序，添加按钮的状态获取功能，即用户能够通过网页来控制 LED 灯的同时，获取 Windows 10 IoT Core 的 GPIO 连接的按钮状态，并显示在网页上。

参考链接

[1]　http://aka.ms/ntvslatest
[2]　http://connect.microsoft.com/windowsembeddedIoT/Downloads/
[3]　https://github.com/ms-iot/ntvsiot/releases
[4]　https://github.com/ms-iot/samples/tree/develop/BlinkyServer/Node.js

第 9 章

Windows 10 IoT Core 应用之 Python 篇

Python 是一种面向对象、解释型的计算机程序设计语言，由 Guido van Rossum 于 1989 年年底发明。Python 语法简洁而清晰，语言的核心只包含数字、字符串、列表、字典、文件等常见类型和函数，而由 Python 标准库提供了系统管理、网络通信、文本处理、数据库接口、图形系统、XML 处理等额外的功能，已经被广泛应用于处理系统、管理任务和 Web 编程。Windows 10 IoT Core 已经加入了对 Python 的支持，开发者可以在树莓派等设备上运行 Python 应用。本章将带领大家学习 Python 环境的搭建，本地应用和 Server 应用的创建、调试和部署，为后续的应用开发和实物制作打好基础。

9.1 Hello World 例程

9.1.1 环境设置

除了 Windows 10 和 Visual Studio 2015 之外，还需要安装的工具包括 Python for Windows[1]、Python Tools for Visual Studio(PTVS)[2] 和 Python UWP SDK[3]。笔者写稿时，Python UWP SDK 的版本为 1.0Alpha，PTVSIoT Extension 版本为 2015/5/8，如图 9-1 所示。其中，后者需要使用 LiveID 账号在 Microsoft Connect 网站上进行注册，具体步骤可以参考 5.4 节。

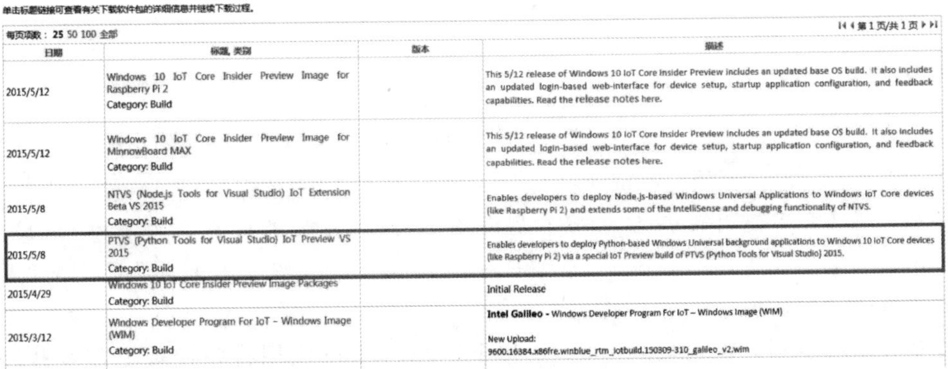
单击标题链接可查看有关下载软件包的详细信息并继续下载过程。

每页项数：25 50 100 全部 |◀ ◀ 第 1 页/共 1 页 ▶ ▶|

日期	标题, 类别	版本	描述
2015/5/12	Windows 10 IoT Core Insider Preview Image for Raspberry Pi 2 Category: Build		This 5/12 release of Windows 10 IoT Core Insider Preview includes an updated base OS build. It also includes an updated login-based web-interface for device setup, startup application configuration, and feedback capabilities. Read the release notes here.
2015/5/12	Windows 10 IoT Core Insider Preview Image for MinnowBoard MAX Category: Build		This 5/12 release of Windows 10 IoT Core Insider Preview includes an updated base OS build. It also includes an updated login-based web-interface for device setup, startup application configuration, and feedback capabilities. Read the release notes here.
2015/5/8	NTVS (Node.js Tools for Visual Studio) IoT Extension Beta VS 2015 Category: Build		Enables developers to deploy Node.js-based Windows Universal Applications to Windows IoT Core devices (like Raspberry Pi 2) and extends some of the IntelliSense and debugging functionality of NTVS.
2015/5/8	PTVS (Python Tools for Visual Studio) IoT Preview VS 2015 Category: Build		Enables developers to deploy Python-based Windows Universal background applications to Windows 10 IoT Core devices (like Raspberry Pi 2) via a special IoT Preview build of PTVS (Python Tools for Visual Studio) 2015.
2015/4/29	Windows 10 IoT Core Insider Preview Image Packages Category: Build		Initial Release
2015/3/12	Windows Developer Program For IoT – Windows Image (WIM) Category: Build		**Intel Galileo** - Windows Developer Program For IoT – Windows Image (WIM) New Upload: 9600.16384.x86fre.winblue_rtm_iotbuild.150309-310_galileo_v2.wim

图 9-1 PTVSIoT Extension 版本号

9.1.2 工程创建

启动 Visual Studio 2015,创建新项目(即选择"File→New Project"命令)。在 New Project 对话框中,导航到 Python,即在该对话框的左侧窗格中展开"Temples→Python→Windows IoT Core"节点,选择模板 Background Application(IoT),如图 9-2 所示。

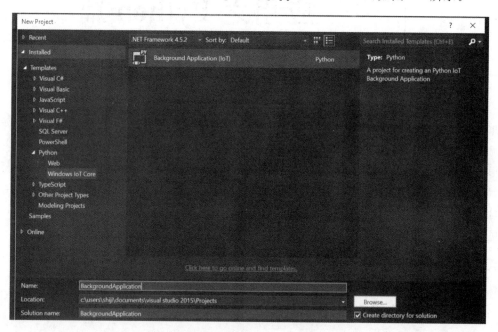

图 9-2　新建 Python 工程

工程创建以后,解决方案资源管理器界面如图 9-3 所示,导航到 StartupTask.py 文件。

该文件中的代码功能是通过 print 来输出信息,修改代码如下:

print('Hello World from Windows IoT Core!')

9.1.3 部署与调试

用鼠标选中项目,单击鼠标右键,在弹出的菜单中选择 Properties 属性(命令),将 Remote Machine 设置为目标 Windows IoT Core 设备的名称,如图 9-4 所示。

注意:这里需要使用设备名称而不是设备 IP 地址。如果设备名称不唯一,请使用 PowerShell 工具与设备建立会话后,再利用 setcomputername 命令来重新设置设备名称,然后重启设备。具体使用方式,可以参考 6.4 节。

完成所有设置后,在 Visual Studio 中按 F5 键,Python 应用将在设备上部署并启动。
注意:启动 Python 的调试程序后,可能需要几分钟的时间来连接和开始调试远程

图 9-3　Visual Studio 的生成工程文件

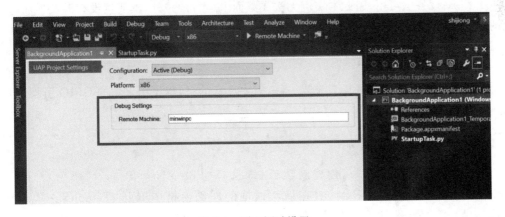

图 9-4　项目调试设置

Python。

如果应用运行正常，会在调试窗口输出对应的"Hello World from Windows IoT Core!"信息，如图 9-5 所示。同时，提示 Python 脚本成功执行的信息"Python script completed execution：Success"。

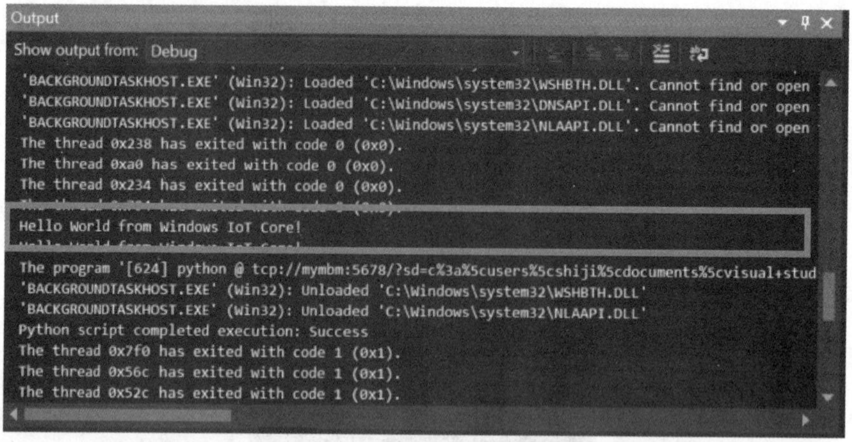

图 9-5　Python 项目执行输出结果

9.2　Python 例程

9.2.1　实例功能

在本例程中，将创建一个简单的 Python Blinky 应用，并将 LED 连接到 Windows 10 IoT Core 设备（Raspberry Pi 2 或 MinnowBoard Max）。请注意，GPIO API 仅在 Windows 10 IoT Core 设备上可用，因此本实例无法在桌面上运行。另外，本实例没有涉及界面，是典型的 Headless Mode 的应用。

9.2.2　硬件电路

本例程使用的硬件电路与 7.3 节一致，需要注意的是，程序中采用的 GPIO 引脚号与实际连接的 GPIO 对应。

9.2.3　程序设计

启动 Visual Studio 2015，创建新项目（即选择"File→New Project"命令）。在 New Project 对话框中，导航到 Python，在该对话框的左侧窗格中展开"Temples→Python→Windows IoT Core"节点，选择模板 Background Application（IoT），将工程命名为 PythonBilnky，如图 9-6 所示。

然后，为了在实例中使用设备的 GPIO，需要添加对 wingpio.pyd 的引用。有关 wingpio.pyd 文件，可以到 Github 的 PyWinDevices[4] 上下载，其说明文档也可以在此页面下载[5]。下载文件解压后，包含 amd64、ARM 和 win32 这三个文件夹，如果使用的是 RPi2，那么就使用 ARM 文件夹下的文件，如果是 MinnowBoard Max，就选用 win32 文件夹下的文件，如图 9-7 所示。

第 9 章　Windows 10 IoT Core应用之Python篇

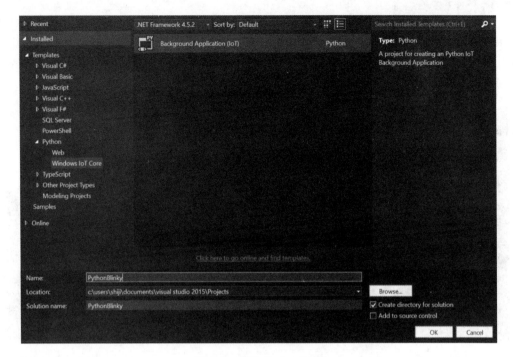

图 9-6　新建 Python 工程

图 9-7　pywindevices 文件夹内容

针对设备类型和使用的配置选择 PYD 文件，例如，如果要使用调试配置，则选择 _wingpio_d.pyd；如果要使用 Release 配置，则选择 _wingpio.pyd。本实例使用的是 MinnowBoard Max，将 win32 下的与 GPIO 相关的 4 个文件复制到工程的 bin\Debug\x86 文件夹，如图 9-8 所示。

图 9-8　复制目标文件至 x86 文件夹

之后，在项目的 Solution Explorer 中，选中 References(引用)，单击鼠标右键，在弹出菜单中选择 Add Reference 命令，如图 9-9 所示。

因为先使用 Debug 模式进行调试，所示将之前复制过来的 _wingpio_d.pyd 添加到工程中，如图 9-10 所示。

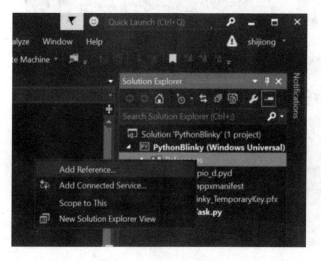

图 9-9　项目添加引用菜单

图 9-10　项目添加引用文件

然后，单击 StartupTask.py 文件，添加以下代码：

```
import _wingpio as gpio
import time
led_pin = 5
ledstatus = 0
gpio.setup(led_pin, gpio.OUT, gpio.PUD_OFF, gpio.HIGH)
while True:
    if ledstatus == 0:
        ledstatus = 1
        gpio.output(led_pin, gpio.HIGH)
    else:
        ledstatus = 0
        gpio.output(led_pin, gpio.LOW)
    time.sleep(0.5)
gpio.cleanup()
```

程序流程为：首先声明使用的 LED 引脚号，定义一个 LED 状态变量 ledstatus，然后通过 gpio.setup 方法初始化该 LED 引脚，在 while 循环中，通过 timer 来控制时间，使得 LED 每 0.5 秒改变一次状态。

9.2.4　部署与调试

用鼠标选中项目，单击鼠标右键，在弹出的菜单中选择 Properties 属性(命令)，将

Remote Machine 设置为目标 Windows IoT Core 设备的名称，如图 9-11 所示。

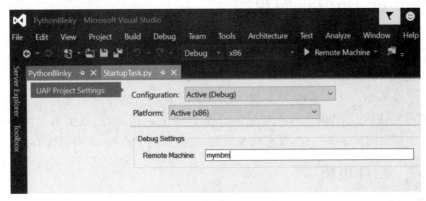

图 9-11　项目调试设置

再次强调，这里需要使用设备名称而不是设备 IP 地址。设备名称可以通过 Windows IoT Core Watcher 工具查看，如图 9-12 所示。

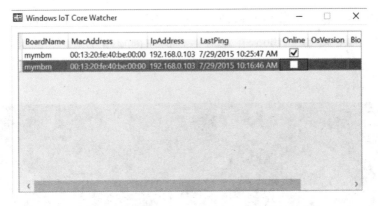

图 9-12　使用 Windows IoT Core Watcher 查看设备 IP

完成所有设置后，在 Visual Studio 中按 F5 键，Python 应用将在设备上部署并启动。如果硬件连接正确，应该能够看到 LED 灯会不停地闪烁，如图 9-13 所示。

图 9-13　运行实物图

9.3 Python Server 例程

9.3.1 实例功能

在本例程中,将创建一个简单的 Python Blinky Web 应用,并将 LED 连接到 Windows 10 IoT Core 设备(Raspberry Pi 2 或 MinnowBoard Max),通过网页来控制 LED 的开关。请注意,GPIO API 仅在 Windows 10 IoT Core 设备上可用,因此本实例无法在桌面上运行。另外,本实例同 9.2 节一样,没有涉及界面,是典型的 Headless Mode 的应用。

9.3.2 硬件电路

本例程使用的硬件电路与 7.3 节一致,需要注意的是,程序中采用的 GPIO 引脚号与实际连接的 GPIO 对应。

9.3.3 程序设计

启动 Visual Studio 2015,创建新项目(即选择"File→New Project"命令)。在 New Project 对话框中,导航到 Python,在该对话框的左侧窗格中展开"Temples→Python→Windows IoT Core"节点,选择模板 Background Application (IoT),将工程命名为 PythonServer,如图 9-14 所示。

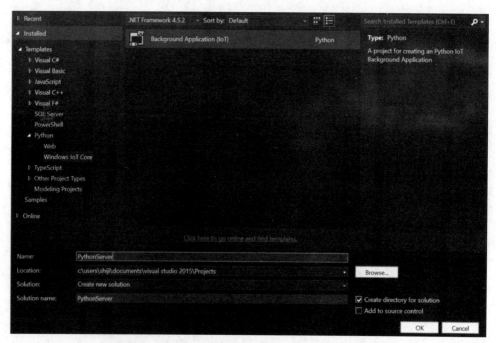

图 9-14 新建 Python Server 工程

然后,为了在实例中使用设备的 GPIO,需要添加对 wingpio.pyd 的引用。有关该文件的下载和添加方法,可以参考 9.2.3 节。笔者想指出的是,最好将 win32 下的与 GPIO 相关的 4 个文件复制到工程的 bin/Debug/x86 文件夹,如图 9-15 所示。

图 9-15 拷贝 wingpio.pyd 文件

如果要编译工程为 Release 版本的,直接在添加引用里面重新添加就可以了。

单击 StartupTask.py 文件,添加以下代码:

```python
iimport http.server
import socketserver
import _wingpio as gpio

led_pin = 5
led_status = gpio.HIGH
gpio.setup(led_pin, gpio.OUT, gpio.PUD_OFF, led_status)
class BlinkyRequestHandler(http.server.BaseHTTPRequestHandler):
    def do_HEAD(self):
            self.send_response(200)
            self.send_header("Content-type", "text/plain")
            self.end_headers()
    def do_GET(self):
        global led_status
        if led_status == gpio.LOW:
            self.wfile.write(b"Setting pin to HIGH")
            print('Setting pin to HIGH')
            led_status = gpio.HIGH
        else:
            self.wfile.write(b"Setting pin to LOW")
            print('Setting pin to LOW')
            led_status = gpio.LOW
        gpio.output(led_pin, led_status)
httpd = http.server.HTTPServer(("", 8000), BlinkyRequestHandler)
print('Started web server on port %d' % httpd.server_address[1])
httpd.serve_forever()
```

程序流程为:首先声明使用的 LED 引脚号,定义一个 LED 状态变量 ledstatus,然后通过 gpio.setup 方法初始化该 LED 引脚;在 HTTPServer 的 BlinkyRequestHandler 中处理并响应请求,使得 LED 每响应一次请求就改变一次状态;同时,将信息通过 print 方法显示出来。

注意:编译时,会出现两个警告,可以忽略。另外,由于 IntelliSense 的缘故,在 import http.server 和 socket 的地方会出现提示,如图 9-16 所示,这也不影响程序的运行,可以忽略。

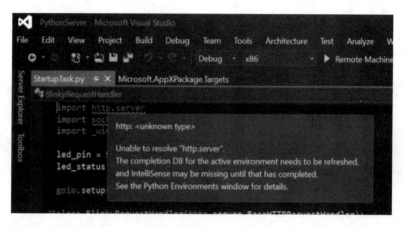

图 9-16　IntelliSense 警告

9.3.4　部署与调试

用鼠标选中项目,单击鼠标右键,在菜单中选择 Properties 属性(命令),将 Remote Machine 设置为目标 Windows IoT Core 设备的名称,如图 9-17 所示。

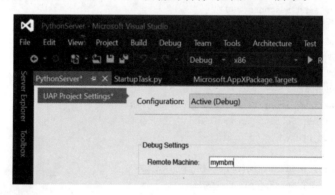

图 9-17　项目调试设置

再次强调,这里需要使用设备名称而不是设备 IP 地址。设备名称可以通过 Windows IoT Core Watcher 工具查看。

完成所有设置后,在 Visual Studio 中按 F5 键,Python 应用将在设备上部署并启动,并在 output 窗口中打印"Started web server on port 8000",如图 9-18 所示。

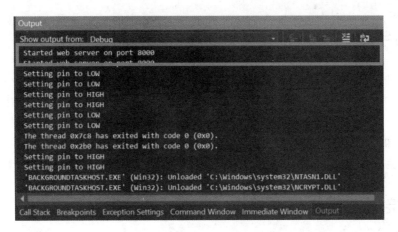

图 9-18　程序调试窗口输出信息

然后,可以在同一局域网的其他设备上,通过"IP 地址+端口号"访问 Windows 10 IoT Core 设备,如图 9-19 所示。

图 9-19　Edge 浏览器访问设备

测试的时候需要注意,在网页提示 Setting pin to HIGH 时,对应的引脚状态是高电平,LED 为熄灭状态,如图 9-20 所示。单击"刷新"按钮,再次发送请求后,网页会提示 Setting pin to LOW,此时 LED 灯亮起。

图 9-20　实物运行图

9.4 动手练习

1. 参考 9.1 节内容，搭建 Windows 10 IoT Core 的 Python 开发环境。
2. 参考 9.2 节内容，创建一个 Python 的本地后台应用，加入按钮控制 LED 功能，即在原来的基础上，添加按钮，使用户能够通过按钮来控制 LED 灯。
3. 参考 9.3 节内容，创建一个 Python 的 Server 应用，加入按钮状态显示功能，即用户能够通过网页查看 Windows 10 IoT Core 的 GPIO 连接的按钮状态。

参考链接

[1] https://www.python.org/downloads/
[2] https://github.com/microsoft/ptvs/releases
[3] https://github.com/ms-iot/python/releases/v1.0Alpha
[4] https://github.com/ms-iot/python/releases/download/v1.0Alpha/pywindevices.zip
[5] https://github.com/ms-iot/samples/tree/master/PyWinDevices
[6] https://github.com/ms-iot/python/releases/download/v1.0Alpha/pywindevices.zip
[7] https://github.com/ms-iot/samples/tree/master/PyWinDevices

第 10 章 Windows 10 IoT Core 应用之蓝牙篇

蓝牙是一种通信技术,已经广泛使用于耳机、智能手机、笔记本和 PC 等电子消费产品,甚至连手环、钥匙扣等可穿戴产品中都能够找到它的影子。利用蓝牙,可以方便地与外围设备建立连接,传输音频、传感器数据和简单的控制指令。因此,它非常适合于短距离无线连接的应用场景。Windows 10 IoT Core 已经加入了对蓝牙的支持,本章将介绍如何在 Windows 10 IoT Core 设备上与蓝牙器件进行配对,同时完成低功耗蓝牙应用程序的开发、部署和调试。

10.1 TI SensorTag 低功耗蓝牙简介

10.1.1 低功耗蓝牙技术

众所周知,蓝牙是一种无线技术标准,可实现固定设备、移动设备和个域网之间的短距离数据交换。目前,蓝牙由蓝牙技术联盟(Bluetooth Special Interest Group,简称 SIG)管理。蓝牙技术联盟在全球拥有超过 25000 家成员公司,它们分布在电信、计算机、网络和消费电子等多重领域。IEEE 将蓝牙技术标准列为 IEEE 802.15.1,如今已不再维持该标准。蓝牙技术联盟负责监督蓝牙规范的开发,管理认证项目并维护商标权益。制造商的设备必须符合蓝牙技术联盟的标准才能以"蓝牙设备"的名义进入市场。

低功耗蓝牙技术由蓝牙技术联盟于 2010 年 6 月发布,包含于蓝牙标准 4.0 之中。低功耗蓝牙,也就是早前的 Wibree,是蓝牙 4.0 版本的一个子集,它有着全新的协议栈,可快速建立简单的链接。作为蓝牙 1.0～3.0 版本中蓝牙标准协议的替代方案,它主要面向对功耗需求极低、用纽扣电池供电的应用。其芯片设计可有两种:双模、单模和增强的早期版本。早期的 Wibree 和蓝牙 ULP(超低功耗)的名称被废除,取而代之的是目前所称的 BLE。2011 年晚些时候,新的商标推出,即用于主设备的"Bluetooth Smart Ready"和用于传感器的"Bluetooth Smart"。主要特点如下。

- 单模情况下,只能执行低功耗的协议栈。意法半导体、笙科电子、CSR、北欧半导体和德州仪器已经发布了单模蓝牙低功耗解决方案。单模芯片的成本降低,使设备的高度整合和兼容成为可能。它的特点之一是轻量级的链路层,可提供低功耗闲置模式操作、简易的设备发现和可靠的点对多数据传输,并拥有成本极低的高级节能和安全加密连接。

- 双模情况下,Bluetooth Smart 功能整合入既有的经典蓝牙控制器。高通创锐讯、CSR、博通和德州仪器已宣布发表符合此标准的芯片。适用的架构共享所有经典蓝牙既有的射频和功能,相比经典蓝牙的价格上浮也几乎可以忽略不计。

10.1.2 TI SensorTag 开发套件

1. 硬件组成

SensorTag[1]集成了温度传感器、湿度传感器、三轴加速计、三轴陀螺仪、三轴磁力计和气压计,结合了 Bluetooth Smart 技术、传感器技术以及手机应用程序等,将蓝牙应用的开发周期从几个月缩短到几个小时。该套件同时集成了 APP,可以令工程师更专注于产品本身的设计开发。在 SensorTag 中,MCU 是 CC2541,其 OSAL 操作系统是 TI 公司设计的用于管理 Z-Stack、RemoteTI、BLE 等无线通信协议栈的小型操作系统,搭载在 CC 系列无线单片机上,提供了诸如任务注册、任务间消息交换、任务同步、中断处理、定时器管理、存储管理等基本的操作系统构件,方便了无线应用程序的开发。其硬件组成如图 10-1 所示。

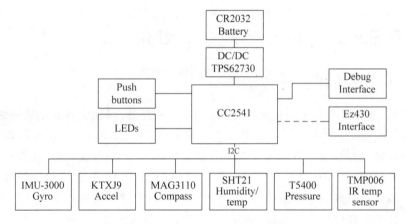

图 10-1 SensorTag 硬件组成图

用户可操作的按钮如图 10-2 所示。

2. 固件

目前,CC2541 版本的 SensorTag 固件版本有两个:一个是 1.4,另一个是 1.5。出厂默认是 1.4 版本,用户可以到参考链接[2]去下载对应版本的固件。请注意,本书所用的固件版本是 1.4,而且 Windows 10 IoT Core 官方使用的 SensorTag 的固件版本也是 1.4。如果使用 1.5 版本的固件,则会出现无法连接的情况。

但是,如果用户想要将 SensorTag 用于其他场合,例如与 Android 手机或者是 iOS 手机进行蓝牙连接、交互数据,则可以使用 Over the Air Download 的方式,通过手机来烧写 SensorTag 的固件,而不需要采用传统的通过 Debug 接口来烧写固件的方式。图 10-3 就是使用 iOS 的 SensorTag 软件来烧写固件的用户界面。有关使用 OAD 方式烧写 SensorTag 的详细方法，可以查看参考链接[3]。

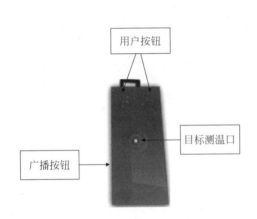

图 10-2　SensorTag 用户可操作的按钮

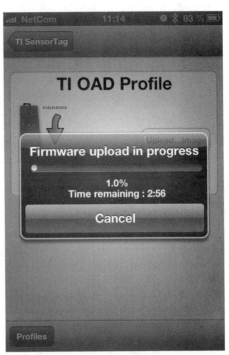

图 10-3　iOS 的 SensorTag 固件烧写软件

10.1.3　Windows 10 IoT Core 的蓝牙支持

Windows 10 IoT Core 设备支持蓝牙 4.0 版本，包括 RFComm 和低功耗蓝牙。

1. RFComm

Windows 运行时提供多个新的蓝牙命名空间，主要包括：Windows.Devices.Bluetooth[4]、Windows.Devices.Bluetooth.Rfcomm[5] 和 Windows.Devices.Bluetooth.GenericAttributeProfile[6]。

其中，Bluetooth RFComm 遵守 Windows 运行时指南，并提供以下功能。

（1）以面向 Windows.Devices 的现有模式为基础而构建，包括 enumeration 和 instantiation。

（2）其 SDP 属性有一个值和一个预期类型。但是，一些常用的设备具有错误的 SDP 属性实现，其中的值不属于预期类型。此外，RFCOMM 的许多用法完全不需要其他 SDP 属性。

（3）读取和编写旨在充分利用 established data stream patterns[7] 和 Windows.Storage.Streams[8] 中的对象。

从 Windows 8.1 开始，Windows 应用商店设备应用可在后台任务中执行多步设备操作，即使系统将应用移到后台并挂起，操作也能继续运行至完成。这可实现可靠的设备服务（例如对永久性设置或固件的更改）和内容同步，并且无须用户盯着进度栏。DeviceServicingTrigger 用于设备服务，DeviceUseTrigger 用于内容同步。注意，这些后台任务对应用在后台运行的时间有所限制，并不允许无限期操作或无限同步。有关详细信息，可以参考"设备同步和更新（Windows 应用商店应用）"的内容[9]。

2．低功耗蓝牙

开发人员可使用 Bluetooth GATT APIs 访问低功耗服务、描述符和特性。低功耗蓝牙设备通过以下内容的集合公开其功能：主要服务、所包含的服务、特性和描述符。

（1）主要服务定义 LE 设备的功能合约，并且包含定义该服务的特性的集合。这些特性反过来包括描述特性的描述符。蓝牙 GATT API 公开对象和函数，而不公开对原始传输数据的访问方法。在驱动程序级别上，使用 enumeration API 将主要服务枚举为蓝牙 LE 设备的子设备节点。

（2）蓝牙 GATT API 还使开发人员可以在能够执行以下任务的情况下使用蓝牙 LE 设备。

- 执行服务/特性/描述符发现。
- 读取并写入特性/描述符值。
- 为 Characteristic ValueChanged 事件注册回调。

3．官方推荐的蓝牙模块

目前，微软官方推荐的蓝牙模块包括以下三种：

（1）Mini USB Bluetooth CSR V4.0 Adapter[10]。

（2）Mini Bluetooth Keyboard with Built-in Touchpad，Model：IS11-BT05[11]。

（3）Orico Model A Bluetooth dongle[12]。

其中，第一种和第三种都是 USB 接口的蓝牙模块，可以直接插在 Windows 10 IoT Core 设备的 USB 接口上，作为蓝牙模块使用。第二种是蓝牙键盘，可以作为输入设备使用。

10.2 Windows 10 IoT Core 蓝牙配对

10.2.1 SensorTag 准备工作

在 Windows 10 IoT Core 设备上使用蓝牙之前，同样首先需要与蓝牙设备进行配对。SensorTag 一般情况下是处于休眠模式，要让其恢复工作状态，需先按下侧边的广播按钮，将其从休眠模式中唤醒，如图 10-4 所示。

在用户按下广播按钮后，可以看到中间测温芯片下方的状态 LED 快速闪烁，说明 SensorTag 已经被唤醒，并处于可以被发现并连接的状态。如果用户在 2 分钟之内没有蓝牙设备连接 SensorTag,那么,出于节能的考虑,它又会进入休眠模式。将其唤醒的方法还是按侧边的广播按钮。

因此,在 Windows 10 IoT Core 设备上使用蓝牙之前,需要先确认 SensorTag 供电正常,并且能够进入广播状态。

10.2.2 Windows 10 IoT Core 蓝牙配对流程

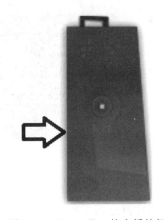

SensorTag 准备好以后,再来看看如何在 Windows 10 IoT Core 设备上与 Sensortag 完成配对工作。目前,虽然可以在基于网页的管理器上查看蓝牙连接,但是用户只能通过命令行工具 IoTBluetoothPairing.exe 完成配对的功能,

图 10-4　SensorTag 的广播按钮

该工具位于 Windows 10 IoT Core 设备的 C:\Windows\System32 目录。在进行配对工作之前,请先确认 USB Bluetooth dongle 已经插入 Windows 10 IoT Core 设备,并且 SensorTag 已经准备好。那么,下面就开始配对流程。具体步骤如下。

(1) 参考本书 6.3 节的内容,用 PuTTY 连接 Windows IoT Core 设备。

(2) 在命令行中进入设备的"C:\Windows\System32"目录,并运行 IoTBluetoothPairing.exe 工具,显示界面如图 10-5 所示。

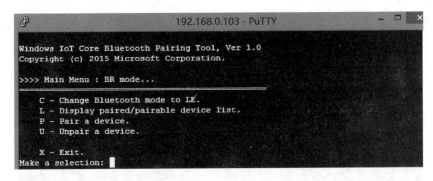

图 10-5　IoTBluetoothPairing 工具界面

该工具提供的功能有:
- C——更改 Bluetooth 的工作模式到低功耗蓝牙模式;
- L——显示已经配对和可配对的蓝牙设备列表;
- P——开始配对蓝牙设备;
- U——删除已经配对的蓝牙设备;
- X——退出程序。

(3) 由于 Windows 10 IoT Core 设备默认蓝牙处于 BR 模式,所以先使用 C 命令将蓝牙设置为低功耗模式,如图 10-6 所示。

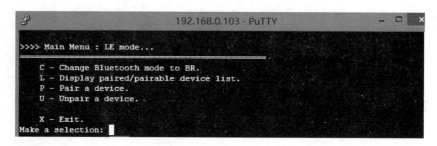

图 10-6　改变蓝牙工作模式

（4）输入 P，调出配对蓝牙设备的界面，如图 10-7 所示。同时，按下 SensorTag 的广播按钮，让其可被发现。

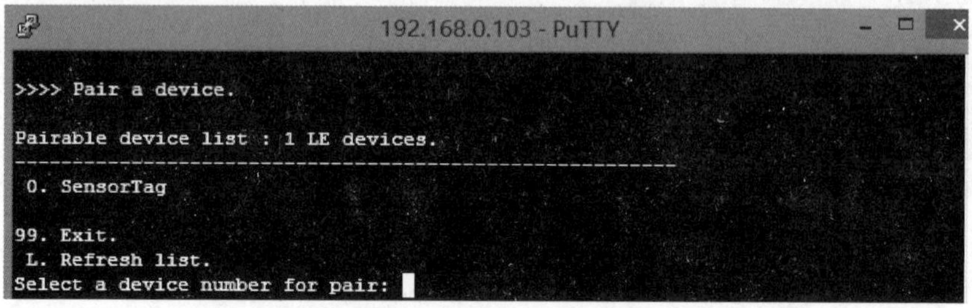

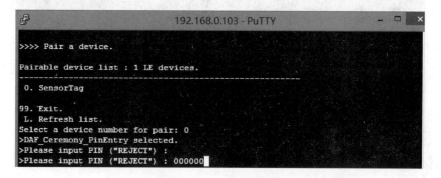

图 10-7　配对蓝牙设备界面

如果硬件没有问题，会显示出可以配对的蓝牙设备 SensorTag 和对应的索引号。

（5）输入需要配对的蓝牙设备的索引号，这里为 0，按回车键，如图 10-8 所示。

图 10-8　配对 PIN 码输入

然后将 000000 作为 PIN 码输入，就可以得到配对成功的信息。注意，000000 是 1.4 版本固件中的配对 PIN 码。

（6）配对成功后，可以在应用中输入 L 来显示已经配对的蓝牙设备，如图 10-9 所示。

如果 SensorTag 已经在 Paired device list 中，那么就说明已经配对成功。

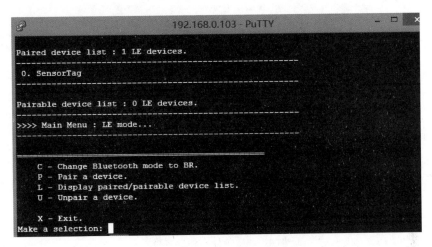

图 10-9　显示已配对的蓝牙设备

10.3　基于 Windows 10 IoT Core 的低功耗蓝牙应用开发

10.3.1　实例功能

本实例将在 Windows 10 IoT Core 设备通过蓝牙模块与 SensorTag 进行配对的基础上,通过应用程序,完成温度、湿度、大气压强、陀螺仪、磁力计、加速度传感器的数据和按钮状态的获取。

10.3.2　硬件连接

本实例需要使用的硬件除了 Windows 10 IoT Core 设备和显示器以外,还需要 SensorTag 一个、蓝牙模块一个、USB 鼠标或者是无线键鼠一套。其中,需要注意的是,Windows 10 IoT Core 设备并不是支持市面上所有的蓝牙模块,官方测试并验证的模块请参考 10.1.3 节的内容。

在硬件连接上,一方面需要将蓝牙模块插入 Windows 10 IoT Core 设备的 USB 接口;另一方面,由于应用程序中需要鼠标的操作,因此,需要将 USB 鼠标或者是无线键鼠的接收器插入 Windows 10 IoT Core 设备的 USB 接口。

在本实例中,笔者使用的是 MinnowBoard Max、罗技 mk240 和 ORICO 的蓝牙模块,硬件和外设连接如图 10-10 所示。

10.3.3　程序设计

本实例的代码可以从参考链接[13]下载。注意,本实例是一个 Headed 模式的应用,需要将 Windows IoT 设备配置为 Headed 模式,具体可以参考 6.4 节。

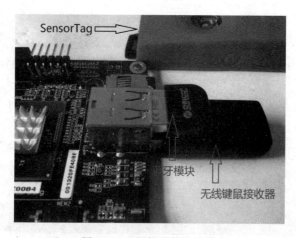

图 10-10　硬件和外设连接

1. 界面设计

本实例的主页面包含三个 Button、一个 ComboBox 控件，用于操作和选择，其他都是提示性的 TextBlock 和 Rectangle，用于文字的显示。其最终的设计效果如图 10-11 所示。

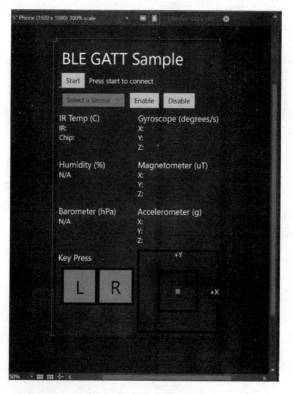

图 10-11　主界面设计

2. 后台代码

1) 添加命名空间

首先，除了默认添加的命名空间引用之外，还需要添加如下引用：

```
//使用 Bluetooth GATT 所需的引用
using Windows.Devices.Bluetooth;
using Windows.Devices.Bluetooth.GenericAttributeProfile;
using Windows.Devices.Enumeration;
//数据缓冲和异步操作所需的引用
using Windows.Storage.Streams;
using System.Threading.Tasks;
```

2) 添加蓝牙的 Capabilities

在 Package.appxmanifest 文件中，添加有关低功耗蓝牙的 Capabilities。注意，添加的项目无法通过图形界面的方式完成，需要在 Code 界面添加，具体方法为：选中 Package.appxmanifest 文件，单击鼠标右键，在弹出菜单中选择 View Code 命令，如图 10-12 所示。

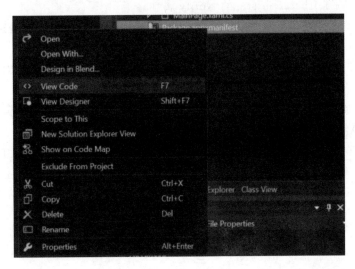

图 10-12　通过 View Code 打开项目 Package.appxmanifest 文件

然后，在 Capabilities 节点加入如下代码：

```
<Capabilities>
  <Capability Name = "internetClient" />
  <DeviceCapability Name = "bluetooth.genericAttributeProfile">
    <Device Id = "any">
      <Function Type = "name:genericAccess" />
    </Device>
  </DeviceCapability>
</Capabilities>
```

3) 获取 GATT Service

SensorTag 提供了 6 类传感器和 1 个按钮总计 7 种 GATT Service，为了获取数据，需要创建 7 个对应的 GattDeviceService 对象，这些代码位于 private async Task＜bool＞ init()方法中，该方法在用户单击 Start 按钮后被调用。对于这 7 种 GATT Service，可以完成以下两个任务：

（1）通过 service GUID，获取 DeviceInformation 对象的列表。

（2）通过 DeviceInformation 对象的 id 字段，获取 GattDeviceService 对象的列表。

4) 获取 GATT Characteristic

一旦获取了 GattDeviceService 对象，便可以通过它来获取 GattCharacteristic 对象。本实例就是通过 GattCharacteristic 对象来完成 SensorTag 上 GATT characteristics 的读、写及设置 Notification 操作。完成这个功能的代码位于 private async void enableSensor(int sensor)中。对于每一个 GATT Service，代码完成的操作包括：

（1）通过 Characteristic Data GUID 获取目标 GattCharacteristic 对象的列表。

（2）检查 GATT Characteristic 的 Notify 属性。

（3）如果该属性存在，则为每一个 Sensor 添加 Notification Handler 处理。

（4）设置 Notification Enable 的标志。

（5）通过 Characteristic Configuration GUID 获取 GattCharacteristic 对象列表。

（6）检查 GATT Characteristic 的 Write 属性。

（7）如果该属性存在，则为该属性赋值，来启动 Sensor。

5) 处理 GATT Notification Handlers

每当 7 种传感器中的任何一种数据发生变化时，就会触发 GATT Notification Handlers，因此，程序提供了 7 个不同的方法来完成 GATT Notification Handlers，包括 tempChanged、accelChanged、humidChanged、magnoChanged、pressureChanged、gyroChanged 和 keyChanged。每一个 Handler 中，完成了 3 个操作步骤：

（1）从 GATT Characteristic 中读取数据。

（2）解析并且处理获得的数据。

（3）通过 Invoke UI 线程方式更新对应的 Textblock 控件显示的内容。

10.3.4 部署与调试

参考 10.2 节的内容，完成硬件连接。然后，如果部署的设备是 Raspberry Pi 2，那么在工程选项中选择 ARM，如果是 MinnowBoard Max，则选择 x86。接着，开始 Build，并按 F5 键开始部署与调试。

应用程序成功部署以后，其运行的界面如图 10-13 所示。

在确认硬件连接正确的情况下，单击 Start 按钮，让程序连接 SensorTag，如果是第一次运行该程序，会弹出一个对话框，提示用户是否允许应用程序获取 SensorTag 的数据。单击 Confirm（确认）按钮以后，就可以看到数据显示在界面上了，如图 10-14 所示。

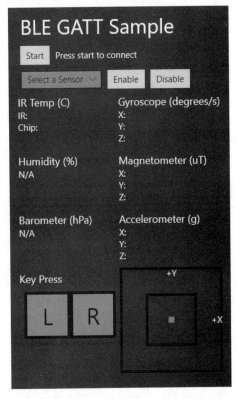 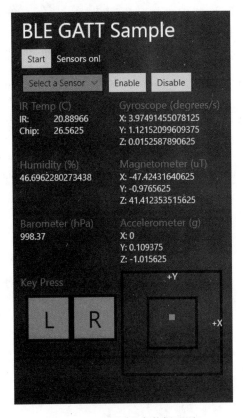

图 10-13　应用程序界面　　　　图 10-14　应用程序数据显示

10.4　动手练习

1. 准备 10.1.3 节罗列的 Bluetooth USB 模块和 TI SensorTag 模块,完成 SensorTag 与 Windows 10 IoT Core 的配对工作。

2. 参考 7.8 节和 10.3 节内容,添加串口输出信息的功能,即通过 UI 本地显示 Sensortag 信息的基础上,通过串口发送各个传感器的信息。

参考链接

[1]　http://www.ti.com/tool/cc2541dk-sensor
[2]　http://processors.wiki.ti.com/index.php/SensorTag_Firmware
[3]　http://processors.wiki.ti.com/index.php/SensorTag_User_Guide#OAD_.28Over-the-Air_Download.29_Service%7CSensorTag
[4]　https://msdn.microsoft.com/zh-cn/library/windows/apps/xaml/windows.devices.bluetooth.aspx

[5] https://msdn.microsoft.com/zh-cn/library/windows/apps/xaml/windows.devices.bluetooth.rfcomm.aspx
[6] https://msdn.microsoft.com/zh-cn/library/windows/apps/xaml/windows.devices.bluetooth.genericattributeprofile.aspx
[7] https://msdn.microsoft.com/zh-cn/library/windows/apps/xaml/windows.storage.streams.datareader.aspx
[8] https://msdn.microsoft.com/zh-cn/library/windows/apps/xaml/windows.storage.streams.aspx
[9] https://msdn.microsoft.com/zh-cn/library/windows/apps/xaml/dn265139.aspx
[10] http://www.amazon.com/RuiLing-Bluetooth-Adapter-Dongle-Class/dp/B00WMET36O
[11] http://www.newegg.com/Product/Product.aspx?Item=9SIA1GK0TS7891
[12] http://www.amazon.com/ORICO-BTA-403-Bluetooth-Adapter-Compatible/dp/B00ESBRTMO/ref=sr_1_7?ie=UTF8&qid=1436917745&sr=8-7&keywords=bluetooth+4.0+orico
[13] https://github.com/ms-iot/samples/tree/develop/BluetoothGATT/CS

第三篇 基于Microsoft Azure和Windows 10平台的综合应用开发

Microsoft Azure 是微软的核心产品之一,面向云计算市场。特别是微软新 CEO——Satya Nadella 上任以后,提出了"Mobile First, Cloud First"(即"移动为先,云为先")的战略,足见该产品在公司的地位。通过本书前两篇的学习,已经掌握了基于 Windows 8.1 IoT 和 Windows 10 IoT Core 平台的应用开发,但不足之处在于应用开发局限于本地。物联网时代的核心是物物互联,将 Windows IoT 和 Microsoft Azure 结合,实现"云+端"的应用架构,是当前物联网应用的核心要素。本书第三篇主要面向以 Intel Galileo、Raspberry Pi 2 和 MinnowBoard Max 为平台的 Windows IoT 设备和 Microsoft Azure 的互联互通,内容涉及 Microsoft Azure 门户的配置、云端的数据处理设置和整体应用的开发及作品制作流程。

本篇包括了以下章节:

第 11 章 Microsoft Azure 和门户设置

介绍了 Microsoft Azure 和面向物联网的 Microsoft Azure IoT Suite 产品,同时,针对后续的应用开发需求,详细描述了 Microsoft Azure 门户的配置和数据处理设置,主要包括 Event Hub、Azure Storage 和 Stream Analytics。

第 12 章 综合应用开发

在本书第一篇、第二篇和第 11 章内容的基础上,介绍了系统综合应用开发的流程和部署调试过程,主要包括应用总体功能的介绍、系统架构的设计和所需资源的准备,以及 Windows IoT 8.1、Windows 10 IoT Core 和 Windows 10 for Mobile/PC 端的应用开发。

通过本篇的学习和动手实践,读者可以了解以 Microsoft Azure 和 Windows IoT 为基础的物联网应用结构,熟悉其开发流程,掌握多种客户端的应用开发和实物制作,完成基于微软技术的物联网产品开发。

第 11 章 Microsoft Azure 和门户设置

"云+端"是微软对于物联网产业的战略，也是当前物联网应用的基本架构组成。当前，除了微软以外，诸如亚马逊、IBM、Google 和国内的阿里巴巴都推出了各自的云服务。那么，微软针对物联网应用的特征，如何提供相应 Microsoft Azure 的服务呢？本章将介绍 Microsoft Azure 和 Microsoft Azure IoT Suite，以及如何对 Event Hub、Azure Storage 和 Stream Analytic 进行配置，为后续的应用开发打好基础。

11.1 Microsoft Azure 简介

Microsoft Azure 的前身是 Windows Azure。2008 年 10 月 27 日，在洛杉矶举行的专业开发者大会 PDC 2008 上，时任微软首席软件架构师 Ray Ozzie 宣布了微软的云计算战略以及云计算平台——Windows Azure。Azure Services Platform 是一个互联网级的运行于微软数据中心系统上的云计算服务平台，它提供操作系统和可以单独或者一起使用的开发者服务。Azure 是一种灵活和支持互操作的平台，它可以被用来创建云中运行应用或者通过基于云的特性来加强现有应用。它开放式的架构给开发者提供了 Web 应用、互联设备应用、个人电脑、服务器，或者提供最优在线复杂解决方案的选择。随着微软企业战略由"设备+服务"向"移动为先，云为先"的转变，Microsoft Azure 在微软整体产品线中的地位日益重要。Azure 公有云平台现已成为微软云操作系统愿景的三大重要组成部分之一，该平台将会转变传统的数据中心环境，帮助公司深入了解在世界各个地点存储的数据，支持现代商业应用程序的开发。

在中国，Microsoft Azure 由世纪互联运营。世纪互联是中国最大的电信运营商中立互联网数据中心服务提供商，微软将技术授权给世纪互联。在中国，Azure 结合了微软的全球技术和世纪互联的本地运营经验，在中国以外的地区，Azure 由微软自行运营。中国的 Windows Azure 客户将能享受到与其他地区的客户完全相同的用户体验和服务等级。Windows Azure 在中国提供了灵活的云交付模式（IaaS 和 PaaS）、操作系统选择、开发框架和完善的服务，以满足不同组织的 IT 需求。作为全球领先的企业软件和 IT 解决方案供应商，微软将把在服务于企业客户、提供在线服务方面的数十年的经验应用于 Azure 平台，为企业的应用程序和数据提供了一个极具价值且灵活而可靠的解决方案。

11.2 Microsoft Azure IoT Suite 组成

在 2015 年美国亚特兰大举办的 Convergence 大会上，微软 CEO——Satya Nadella 发布了 Azure IoT Suite 产品，将多个微软的物联网产品集中在了一起，提供计费、监测、分析和维护的功能。结合微软发布的 Windows 10 平台，其应用范围不仅仅局限于 PC 和移动设备，还包括机器人、物联网网关和小型的传感器节点，通过"机器-机器"、"机器-云服务"通信的原生连接协议，完成具有企业级安全保护的"设备-云服务"连接。

具体来讲，Microsoft Azure IoT Suite 包含了以下几个部分：

（1）Azure Event Hubs：是具有高伸缩性的"发布-订阅"吸收器，可以摄入每秒几百万次事件，该事件的源可以是连接的设备和应用。

（2）Azure DocumentDB：是一项全托管的 NoSQL 文档数据库服务，可扩展性很强。其主要功能包括：存储 JSON 文档，并允许用户使用熟悉的 SQL 语法查询这些文档；使用标准的 JavaScript 将应用程序的逻辑表示为存储过程、触发器和用户自定义函数，并直接在数据库引擎中对 JavaScript 应用程序逻辑提供完整的事务支持；可调整的一致性级别；吞吐量和存储可根据需要增减。

（3）Azure Stream Analytics：为大规模、实时事件处理而设计，并允许开发人员使用类 SQL 的语法，加快应用开发。同时，它集成了 Azure 中的最新事件排队系统——Event Hubs。该系统可以作为 Kafka 或者 ActiveMQ 系统的替代产品而部署，然后像一个基于时间的缓冲消息代理一样工作。

（4）Azure Notification Hubs：作为 Windows Azure 管理门户的一项增强功能，提供了一个通用 API，能够向使用 Windows、iOS、Android 和 Kindle 等设备平台构建的应用程序发送通知，大幅简化了推送通知逻辑并使应用有更好的伸缩性。

（5）Azure Machine Learning：是一种以 Web 服务形式提供的机器学习功能，来自微软和第三方提供商的大量服务为终端用户提供了从异常检测到回归模型、二元分类、预测等各种方案。开发人员也可以创建自己的 Web 服务，并将它们发布到 Azure Marketplace。使用 Azure Machine Learning Studio GUI，开发人员可以创建自定义的端点，得到 C♯、Python 或 R 的自定义代码，并以免费或预先定义的付费模型部署其 Web 服务。

（6）Azure HDInsight：Hadoop 为开源的软件架构平台，可用来存储与处理集群服务器上的大量数据，并已成为管理海量数据的首选平台。Azure HDInsight 采用了 Hadoop 的数据处理平台与相关的工具，以及知名的 Hadoop 版本——Hortonworks Data Platform（HDP），同时兼容微软的各种分析工具，包括 Excel 与 Power BI 等，并支持.NET 或 Java 等编程语言，以便更好地面向使用 Hadoop 的客户。

（7）Power BI：是一款基于云的商业分析服务，在任何设备上，通过应用或浏览器就可以使用 Power BI 来探索、分析数据，展示可交互可视化报告。

11.3 Event Hubs 配置

本节将介绍如何在 Azure 管理门户进行 Event Hub 的创建和配置，为后续的应用程序服务。具体操作步骤如下。

（1）在 Azure 管理门户上，单击底部的 NEW 按钮，新建一个 EVENT HUB，在弹出的对话框中依次选择"APP SERVICES → SERVICE BUS-EVENT HUB → QUICK CREATE"命令，如图 11-1 所示。

图 11-1　新建 EVENT HUB

（2）为 EVENT HUB 设置名称、所在区域和命名空间，这里以 MyIoTServiceBus 为例，在区域中最好选择 East Asia，使得应用程序连接 Azure 时，获得更好的性能，如图 11-2 所示。

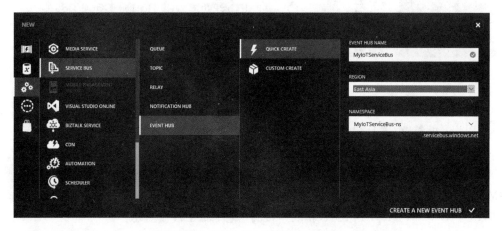

图 11-2　设置 EVENT HUB 参数

（3）单击 CREATE A NEW EVENT HUB，耐心等待一段时间以后，门户会提示创建完成。之后在左边菜单中选择 SERVICE BUS 命令，单击刚刚创建的 MyIoTServiceBus-ns，进入其详细信息对话框，如图 11-3 所示。

图 11-3　SERVICE BUS 对话框

（4）在进入 MyIoTServiceBus-ns 对话框之后，单击 EVENT HUBS，如图 11-4 所示。

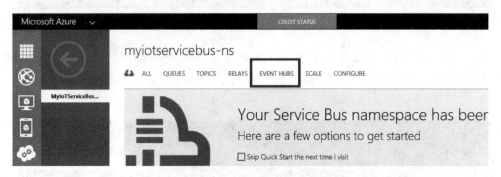

图 11-4　Service Bus 中的 Event Hub

（5）新建一个 EVENT HUB，单击 CONFIGURE，进入配置对话框，新建一个名为 ManagePolicy 的策略，并且包含"manage，send and listen"的权限，设置好以后，单击下方的 Save 按钮保存，如图 11-5 所示。

（6）在 shared access key generator 中，选择刚刚新建的 ManagePolicy 策略，并记下 PRIMARY KEY，为后续的应用程序使用。同时，用户也可以单击 DASHBOARD，选择 CONNECTION INFORMATION，获取连接的信息，如图 11-6 所示。

（7）单击页面底部的 CREATE CONSUMER GROUP，创建一个名为 galileogroup 的 CONSUMER GROUP，为后面的 Stream Analytics 使用，如图 11-7 所示。

图 11-5　设置 ManagePolicy 策略

图 11-6　记录新建 ManagePolicy 策略的连接信息

图 11-7　新建一个 CONSUMER GROUP

11.4　Azure Storage 配置

本节将详细介绍 Azure Storage 的创建和配置，以及如何使用 Azure Storage Explorer 工具来连接 Azure Storage，进行数据表的浏览、修改和删除操作。具体操作如下：

（1）在 Azure 门户首页上，依次选择"NEW→DATA SERVICES→STORAGE→QUICK CREATE"命令，输入域名和所在区域，单击 CREAT STORAGE ACCOUNT，如图 11-8 所示。

（2）等待一段时间，Azure Storage 创建完成以后，单击底部的 Manage Access Key，获取接入的信息，如图 11-9 所示。

注意：记录其中的 STORAGE ACCOUNT NAME 和 PRIMARY ACCESS KEY，为后面的应用程序做准备。

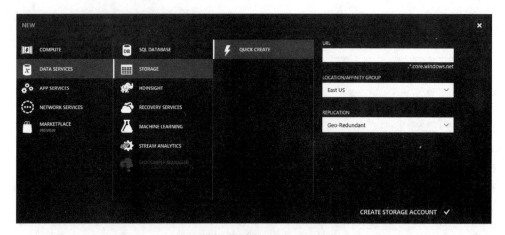

图 11-8　新建 Azure Storage

图 11-9　获取 Azure Storage 的 ACCESS KEY

（3）下载第三方工具，Azure Storage Explorer[1]，安装并运行。在主界面中，输入刚刚记录的 STORAGE ACCOUNT NAME 和 PRIMARY ACCESS KEY，勾选 Use HTTPS，单击 Save 按钮，如图 11-10 所示。

创建完成以后，通过 Azure Storage Explorer，用户就可以在本地 PC 访问云端的 Azure Storage，包括 Blob containers、Queues 和 Tables。这里需要创建一个数据表，用于存放后面应用程序中的数据，选中 Tables，单击 NEW（新建）按钮，名字设置为 galileosensortable，

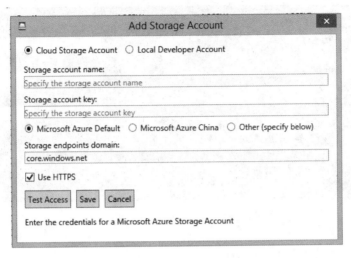

图 11-10　Azure Storage Explorer 主界面

如图 11-11 所示，为后续的 Stream Analytics 的数据输出做好准备。

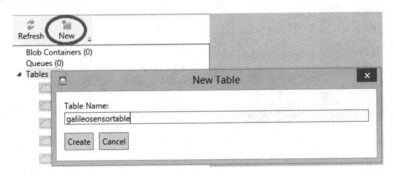

图 11-11　新建 galileosensortable

至此，Azure Storage 配置工作完成。

11.5　Stream Analytics 配置

在 Azure 管理门户中，依次选择"NEW → DATA SERVICES → STREAM ANALYTICS→QUICK CREATE"命令，输入如图 11-12 所示信息以后，单击 CREATE STREAM ANALYTICS JOB。

其中，JOB NAME 为 Stream Analytics 的名字，REGION 为区域，这里选择 East Asia，REGIONAL MONITORING STORAGE ACCOUNT 为 11.4 节创建的存储账号。

Job 创建以后，需要配置完整 job input、output 和 query 才能启动该 Stream Analytics。下面，来配置 Job Input。

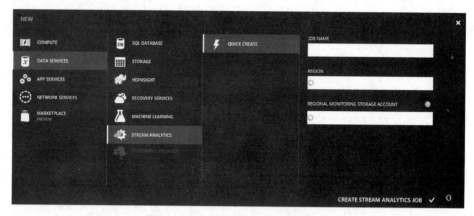

图 11-12　新建 Stream Analytics Job

11.5.1　配置 Job Input

在新建的 Stream Analytics Job 页面，单击上方的 INPUTS，打开输入配置，如图 11-13 所示。

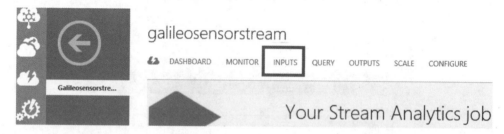

图 11-13　打开 Stream Analytics Job 的 Inputs

接下来会出现一系列的对话框，用于配置 Stream Analytics 的数据输入。请依次选择"DATA STREAM→EVENT HUB"，在 Event Hub Settings 对话框中，将 INPUT ALIAS 设置为 galileoinputevents，选择在 11.3 节创建的 EVENT HUB，如图 11-14 所示。

注意：其中的 POLICY NAME 和 CONSUMER GROUP 也要对应。

接下来，在输入数据的编码和格式上，选择 JSON 和 UTF8，如图 11-15 所示。

最后，单击 check 按钮来完成数据源的添加，并且进行连接的测试。

11.5.2　配置 Job Query

Azure Stream Analytics 提供了一种类似 SQL 的查询语言，用于对事件流执行转换和计算，该查询语言是用于进行流式处理计算的标准 T-SQL 语法的子集。在 Azure Stream Analytics 中，所有事件都具有定义明确的时间戳。如果用户想要使用应用程序时间，可以使用 TIMESTAMP BY 关键字在负载中指定应该用于为每个传入事件添加时间戳，以执行任何临时计算（如窗口化、连接等）的列。建议对到达时间使用 TIMESTAMP BY 语句，它可以在 datetime 类型的任何列上使用，并支持所有 ISO 8601 格式。

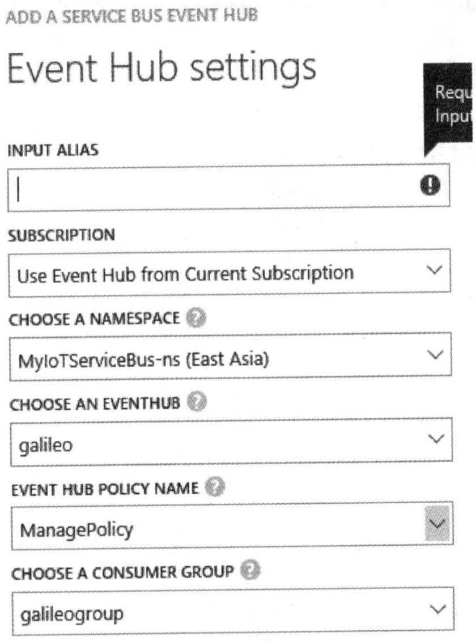

图 11-14　Input 的具体设置参数 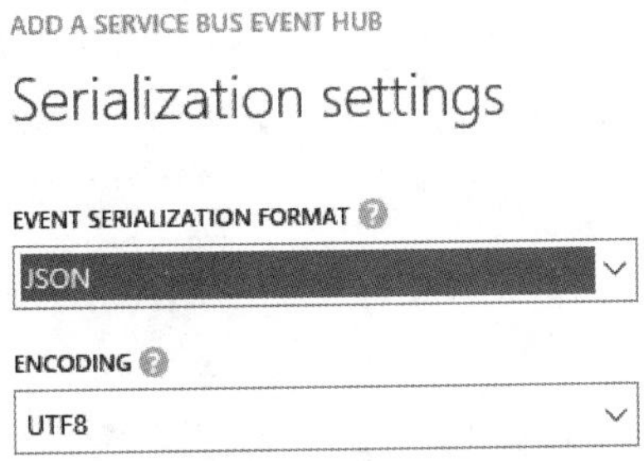　　　　图 11-15　Input 的数据参数设置

这里，只进行简单的数据处理，直接将 Event Hub 收集上来的数据输出给输出流。因此，其配置直接使用如图 11-16 的语句完成。

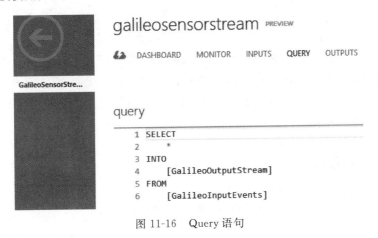

图 11-16　Query 语句

其中，galileoinputevents 为 11.5.1 节中配置的数据输入，而 GalileoOutputStream 为输出流，在 11.5.3 节中介绍。从上述的语句中不难看出，并没有做过多的处理，如果用户需要加入更多的处理，可以查看参考链接[2]的文档[2]。

11.5.3　配置 Job Output

这节将完成数据输出的配置。单击工具栏的 OUTPUT 按钮，并选择 ADD OUTPUT 命令。在弹出的数据类型中选择 Table Storage，在接下来的 Table Storage Settings 对话框中，将 OUTPUT ALIAS 设置为 GalileoOutputStream，同时，输出的 Table 选择之前在 11.4 节创建的数据表，如图 11-17 所示。

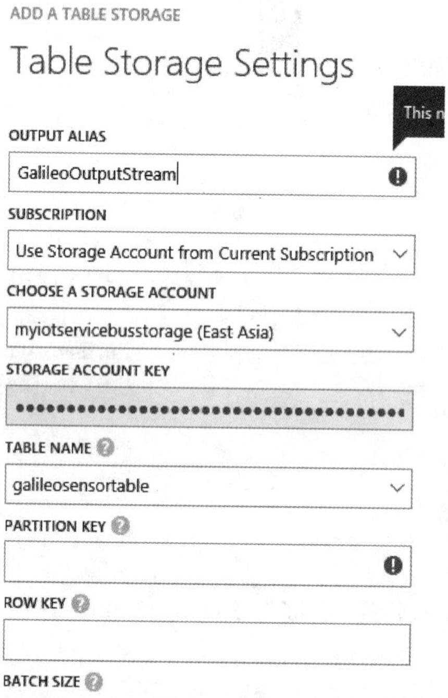

图 11-17 Output Stream 的具体参数设置

另外，将 PARTITION KEY 设置为 dspl，ROW KEY 设置为 time。

至此，所有的配置工作已经完成，用户可以单击 START 按钮启动 Stream Analytics job。Azure 已经准备好从 Event Hub 中接收数据，并且把对应的数据推送到对应的 Azure Storage Table 中。

11.6 动手练习

1. 准备一个 Microsoft Azure 国际版账号，并通过管理门户完成 11.3 节至 11.5 节的配置工作。

2. 参考 11.4 节的内容，新建一个名为 SensorTag 的 Table，为第 12 章的开发做好准备。

参考链接

[1] https://azurestorageexplorer.codeplex.com/releases/view/125870
[2] https://msdn.microsoft.com/library/dn834998.aspx

第 12 章 综合应用开发

通过第 11 章的学习,读者已经对 Microsoft Azure 有了基本的了解,同时已经对其门户进行了相关的配置。本章将完成综合应用的开发,主要包括功能和系统架构的设计、Windows 8.1 IoT 设备端、Windows 10 IoT Core 设备端和 Windows 10 for Mobile/ PC 端的应用开发、部署和调试,完成一个典型"云+端"的物联网应用。

12.1 应用总体概况

12.1.1 功能描述

本项目从 Windows IoT 和 Microsoft Azure 及物联网的概念出发,采用感知、传输、管理和应用 4 层物联网架构,使系统和数据连接实现连通性、易处理性、安全性和互通性。整个项目全部采用微软的技术,例如小型感知和执行终端运行 .Net Microframework,网关节点运行 Windows 10 IoT,云端数据处理和存储采用 Microsoft Azure,实现温度、湿度等传感器信息的采集和发送,客户端数据展现和远程控制采用 Windows 10 for PC 及 Windows 10 for Mobile,方便开发和部署,使用 Visual Studio 可以完成项目所有设备和组件的开发。

12.1.2 系统架构

本应用的系统架构如图 12-1 所示。

(1) 数据感知层

数据感知层由各类传感器产生数据,如温度、湿度、加速度等信息,再将数据发送给物联网网关。从感知层节点的使用场景来看,其低功耗要求比较高。微软的 .NET Micro Framework 正好能够满足这个层次的需求。目前来看,其开发环境为 Visual Studio 2013 + .NET MF SDK 4.3.2 QFE2-RTM,硬件选择上,可以使用国外的 .NET Gadgeteer[1]、Netduino[2] 和国内的 NETDIY[3]。由于本书覆盖范围的限制,后面只介绍了使用传感器模块直接连接 Windows 10 IoT Core 和 Windows 8.1 IoT 的方式。感兴趣的朋友可以自行研究。

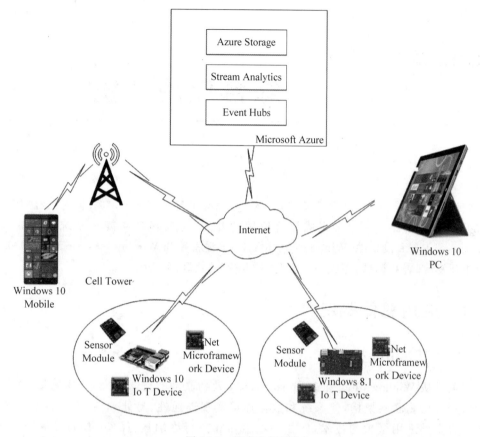

图 12-1　综合应用架构

（2）数据接入层

数据接入层收集数据感知层采集的数据，经过简单的处理以后，打包成适合网络传输的数据格式，或者是符合数据管理层要求的数据格式，最终完成数据的发送。基于本书覆盖的内容范围，后面将介绍两种接入途径的应用开发，分别是运行 Windows 10 IoT Core 的设备和运行 Windows 8.1 IoT 的 Galileo Gen 2 设备。

（3）数据管理层

数据管理层在获取数据接入层传输过来数据的基础上，完成数据的分析、处理和存储。本书中，数据管理层由 Microsoft Azure 负责，主要包含了 Event Hub、Stream Analytics 和 Azure Storage。其具体的配置可以参考本书的第 11 章。

（4）数据应用层

数据应用层能够获取数据管理层中存储的所有数据，并且根据用户的需求完成数据的展现以反馈控制。本书将介绍如何使用 Windows 10 RTM 和 Visual Studio 2015 RTM 完成面向 Windows 10 for PC 和 Windows 10 for Mobile 的通用应用开发。

12.1.3 所需资源

这里介绍本书创建项目所涉及到的软硬件资源。

1. 硬件资源

硬件资源包括：
- Intel Galileo Gen 2；
- Raspberry Pi 2/Minnow Board；
- 温度传感器 LM35；
- 加速度传感器模块 ADXL345；
- 面包板一块；
- 杜邦线若干。

2. 软件资源

软件资源包括：
- Azure 订阅；
- Windows 10 Pro 64 位系统；
- Windows 8.1 Pro 64 位系统；
- Visual Studio Community 2015 RTM；
- Visual Studio Community 2013 RTM；
- Windows 10 IoT Core for Raspberry Pi 2/Minnow Board RTM；
- Lightning OS update released for Galileo Gen 2 & Windows IoT SDK & Microsoft IoT C++ SDK。

12.2 Windows 8.1 IoT 设备端应用开发

12.2.1 实例功能

本实例将使用 Galileo Gen 2（Windows 8.1 IoT 设备），利用连接的 LM35 温度传感器完成温度数据的采集，之后将数据上传到 Azure Event Hub，并使用 Stream Analytics 进行数据分析，最终存储到 Azure Storage Table。与本实例相关的内容可参考 3.2 节和第 11 章。

12.2.2 硬件电路

本实例使用到的电路元器件包括温度传感器 LM35 一个、面包板一块、连接线若干。其硬件电路参考 3.2 节的硬件电路部分。

12.2.3 程序设计

本实例的程序可以参考 Github 上的开源项目 galileoeventhub[4]，该项目使用 Galileo

上传 Adafruit 的传感器数据至 Azure 进行后期处理。具体步骤如下。

（1）下载程序源代码到本地，用 Visual Studio 打开，将鼠标定位到解决方案浏览器，双击 GalileoEventHub.exe.config 文件，如图 12-2 所示。

图 12-2　设置 GalileoEventHub.exe.config 文件

（2）参考第 11 章内容中对 EventHub 的配置部分，将其中的 Key 和 Value 内容进行更新。其中的 Namespace 是 Service Bus 的 Namespace，对应的 Key 是 Policy Name，此处为 "Manage policy"，同时，把该 Policy 对应的 Shared Access Key 复制到 Value 元素。最后，把 EventHub 的名字复制到 EventHubName 对应的 Value 中。

（3）需要修改源代码，双击打开 Source File 文件夹下的 Main.cpp 文件，如图 12-3 所示。

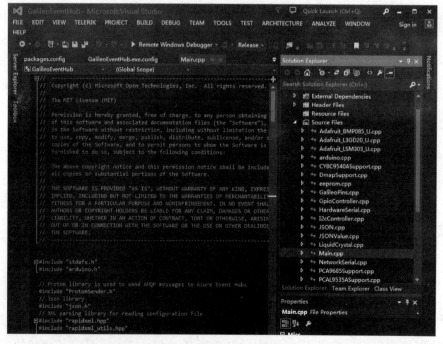

图 12-3　Main.Cpp 文件

在主函数 int _tmain 的上方加入对模拟接口 A0 的定义：

int potPin = A0; //定义模拟接口 0,连接 LM35 温度传感器

在 setup 函数中，注释所有除 ReadConfiguration 以外的其他内容，因为本实例只用到了 Galileo 的模拟接口 A0,并没有使用 I2C 接口去连接其他传感器。

在 loop 函数中，加入采集 LM35 温度的代码，去掉原来采集加速度传感器、磁力计、陀螺仪和大气压力传感器数据的代码。同时，为了以后扩展方便，保留 jsonData 数据封装中的上述传感器数据赋值部分，用固定值 0.01\0.02\0.03 等表示。但是，其中的 TEMPERATURE 部分则使用采集的 LM35 的温度数据赋值。最终的 loop 函数代码如下。

```
void loop()
{
    //获取系统当前时间
    pn_timestamp_t utcTime;
    char timeNow[80];
    GetTimeNow(&utcTime, timeNow);

    int val;                              //定义变量
    int dat;                              //定义变量
    val = analogRead(potPin);             // 读取传感器的模拟值并赋值给 val
    dat = (125 * val) >> 8;               //温度计算公式
    Log(L"Tep:");
    Log(L"%d", dat);                      //显示 dat 变量数值
    Log(L"C\r\n");

    // 创建 JSON 数据包
    JSONObject jsonData;

    jsonData[L"ACCEL_X"] = new JSONValue((double)(0.01));
    jsonData[L"ACCEL_Y"] = new JSONValue((double)(0.02));
    jsonData[L"ACCEL_Z"] = new JSONValue((double)(0.03));

    jsonData[L"MAG_X"] = new JSONValue((double)(0.01));
    jsonData[L"MAG_Y"] = new JSONValue((double)(0.02));
    jsonData[L"MAG_Z"] = new JSONValue((double)(0.03));

    jsonData[L"GYRO_X"] = new JSONValue((double)(0.01));
    jsonData[L"GYRO_Y"] = new JSONValue((double)(0.02));
    jsonData[L"GYRO_Z"] = new JSONValue((double)(0.03));

    jsonData[L"PRESSURE"] = new JSONValue((double)(1.2));
    jsonData[L"TEMPERATURE"] = new JSONValue((double)(dat));
    jsonData[L"ALTITUDE"] = new JSONValue((double)(100.3));

    jsonData[L"subject"] = new JSONValue(char2WCHAR(appSettings.subject));
```

```
    jsonData[L"time"] = new JSONValue(char2WCHAR(timeNow));
    jsonData[L"from"] = new JSONValue(char2WCHAR(appSettings.deviceID));
    jsonData[L"dspl"] = new JSONValue(char2WCHAR(appSettings.deviceDisplayName));

    JSONValue * value = new JSONValue(jsonData);
    std::wstring serializedData = value->Stringify();
    char * msgText = (char *) calloc(serializedData.length() + 1, sizeof(char));
    wcstombs(msgText, serializedData.c_str(), serializedData.length() * sizeof(char));

    // 发送 AMQP 信息
    SendAMQPMessage(msgText, utcTime);
    // 延时 1 秒
    Sleep(1000);
}
```

上述主程序会每隔 1 秒采集一次 LM35 的数据，然后将其封装成 AMQP 的数据包，发送到 Azure EventHub，Azure Event Hub 将数据推送给 Stream Analytics，Stream Analytics 分析数据，并最终把符合要求的数据写入 Azure Storage Table 中。

12.2.4　部署与调试

将应用程序编译后，导航到应用程序所在的文件夹的 lib 目录，如图 12-4 所示。

图 12-4　工程 lib 目录包含的文件

利用 Network Share 工具将其中的所有文件复制到设备的\\mygalileo\c$\test 文件夹，如图 12-5 所示。

之后，将应用程序的配置文件 GalileoEventHub.exe.config 也复制到该文件夹下。因为应用程序运行时需要加载并读取该配置文件。

最后，用 Telnet 建立连接，按 F5 键进行调试，开发环境会把相关的应用程序部署到\\mygalileo\c$\test 文件夹，并启动该应用程序。如果运行正常，应用程序会在 Telnet 客户

第12章 综合应用开发

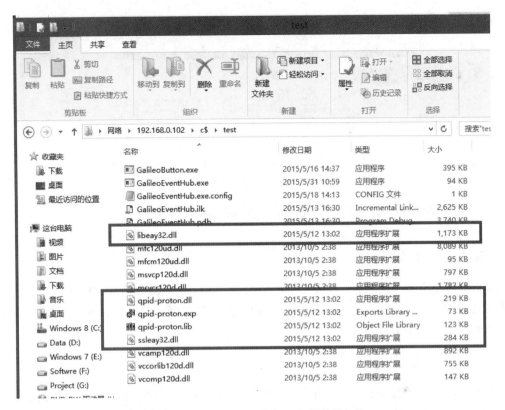

图 12-5 利用 Network Share 工具复制文件

端打印应用程序的运行状态,如图 12-6 所示。

图 12-6 程序运行状态输出

同时,可以使用 Azure Storage Explorer 工具查看 galileosensortable,留意其中的 TEMPERATURE 列的内容和现实测试的温度是否一致,如图 12-7 所示。

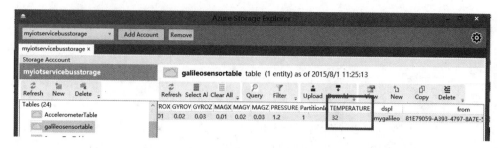

图 12-7　用 Azure Storage Explorer 工具查看 galileosensortable

12.3　Windows 10 IoT Core 设备端应用开发

12.3.1　实例功能

本实例将在 7.6 节的基础上，利用 Windows 10 IoT Core 设备获取 I2C 接口的加速度传感器数据，并通过 Azure Storage Package 提供的接口发送到 Azure Storage 的数据表中，从而为后续的客户端数据展现提供基础。

12.3.2　硬件电路

本实例需要的元器件包括 ADXL345 加速度模块、面包板一块、两端分别为公母头的杜邦线若干、两端为公头的杜邦线若干。连接的原理图和实物图可以参考 7.6 节中的硬件电路部分。

12.3.3　程序设计

本实例着重关注 Windows Universal 程序连接 Azure Storage 的部分，而忽略 Windows 10 IoT Core 与 I2C 接口传感器的交互部分。如果开发者对 I2C 传感器的数据获取感兴趣，可以参考 7.6 节的程序设计部分。下面，以原来 Accelerometer 的应用程序为基础，演示如何加入数据发送到 Azure Storage 部分。

1. 添加应用程序包

首先，打开 Visual Studio，加载 7.6 节的工程项目，利用 NuGet Package Manager 工具加入如下应用程序包。

```
{
    "dependencies": {
        "Microsoft.Bcl": "1.1.10",
        "Microsoft.Bcl.Build": "1.0.21",
        "Microsoft.Data.Edm": "5.6.5-beta",
        "Microsoft.Data.OData": "5.6.5-beta",
        "Microsoft.Data.Services.Client": "5.6.5-beta",
        "Microsoft.Net.Http": "2.2.29",
        "Microsoft.NETCore.UniversalWindowsPlatform": "5.0.0",
```

```
    "Newtonsoft.Json": "7.0.1",
    "WindowsAzure.Storage": "4.4.1-preview"
  },
  "frameworks": {
    "uap10.0": {}
  },
  "runtimes": {
    "win10-arm": {},
    "win10-arm-aot": {},
    "win10-x86": {},
    "win10-x86-aot": {},
    "win10-x64": {},
    "win10-x64-aot": {}
  }
}
```

有关 NuGet Package Manager 工具,可以选中项目,单击鼠标右键,在弹出菜单中选择 Manage NuGet Packages 命令,如图 12-8 所示。

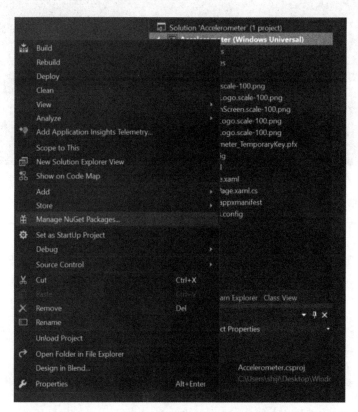

图 12-8　引出 NuGet Package Manager 工具

在搜索框中依次搜索需要添加的应用程序包,如图 12-9 所示。

得到搜索结果以后,选择对应的版本,单击 Install(安装)按钮。如图 12-10 所示。

图 12-9　搜索对应的程序包

图 12-10　安装对应的程序包

依次添加所有上面列出的 Package,直至添加完成。

2. 添加命名空间

在 MainPage.xaml.cs 文件的起始处,除了原来的命名空间引用以外,加入如下引用。

```
using Microsoft.WindowsAzure.Storage;
using Microsoft.WindowsAzure.Storage.Auth;
using Microsoft.WindowsAzure.Storage.Table;
using Windows.UI.Popups;
using Windows.System.Threading;
using System.Net.Http;
using Windows.ApplicationModel.Background;
using System.Threading.Tasks;
using System.Runtime.InteropServices.WindowsRuntime;
using Windows.Storage.Streams;
```

3. 设计 Azure Storage Table 中对应的记录的类

本实例的目标是将采集的加速度传感器数据存储到 Azure Storage Table 中,而 Azure

Storage Table 中的每一条记录的字段是需要用户自己设计的,该设计的类必须继承自 TableEntity 类。本实例设计的类如下,主要包含时间和 X、Y、Z 三个轴的数据。

```
public class AccelerometerEntity : TableEntity
{
    public AccelerometerEntity()
    {
        this.PartitionKey = "1";
        this.RowKey = Guid.NewGuid().ToString();
        MeasurementTime = DateTime.Now;
        AccelerometerX = 0.0;
        AccelerometerY = 0.0;
        AccelerometerZ = 0.0;
    }
    public DateTime MeasurementTime { get; set; }
    public double AccelerometerX { get; set; }
    public double AccelerometerY { get; set; }
    public double AccelerometerZ { get; set; }
}
```

4. 添加私有成员

在 MainPage 类中添加全局的私有成员,用于加速度数据的存储和定时发送数据至 Azure Storage。

```
private double AccelerometerXTemp = 0.0;
private double AccelerometerYTemp = 0.0;
private double AccelerometerZTemp = 0.0;
private static ThreadPoolTimer timerDataTransfer;
```

5. 设计定时发送数据的事件 dataTransmitterTick

为了将传感器的数据发送至 Azure Storage Table,设计定时发送数据的事件 dataTransmitterTick。其代码如下:

```
private async void dataTransmitterTick(ThreadPoolTimer timer)
{
    try
    {
        CloudStorageAccount storageAccount = CloudStorageAccount.Parse("DefaultEndpointsProtocol=https;AccountName=account-name;AccountKey=account-key");

        // 创建 table 客户端
        CloudTableClient tableClient = storageAccount.CreateCloudTableClient();

        // 创建 CloudTable 对象来表示"AccelerometerTable"
        CloudTable table = tableClient.GetTableReference("AccelerometerTable");
        await table.CreateIfNotExistsAsync();

        //创建一个新的自定义实体
```

```csharp
            AccelerometerEntity ent = new AccelerometerEntity();

            ent.MeasurementTime = DateTime.Now;
            ent.AccelerometerX = AccelerometerXTemp;
            ent.AccelerometerY = AccelerometerYTemp;
            ent.AccelerometerZ = AccelerometerZTemp;
            //创建插入自定义实体的 TableOperation 操作
            TableOperation insertOperation = TableOperation.Insert(ent);
            //执行插入操作
            await table.ExecuteAsync(insertOperation);
        }
    catch (Exception ex)
    {
        MessageDialog dialog = new MessageDialog("Error sending to Azure: " + ex.Message);
        dialog.ShowAsync();
    }
}
```

其中,需要注意的有以下三点:

(1) 创建 CloudStorageAccount 时,需要将用户在 Azure 管理界面中保存的 AccountName 和 AccountKey 添加到程序中来。

(2) 此处创建的 Table 名称为 AccelerometerTable,用户可以根据自身的需要来自定义。

(3) 将全局的 AccelerometerXTemp、AccelerometerYTemp 和 AccelerometerZTemp 私有成员赋值给 AccelerometerEntity 对象。而上述三个私有成员在获取加速度传感器数据时进行更新。其代码如下:

```csharp
private void TimerCallback(object state)
{
    string xText, yText, zText;
    string statusText;

    /* 读取并格式化传感器数据 */
    try
    {
        Acceleration accel = ReadAccel();
        xText = String.Format("X Axis: {0:F3}G", accel.X);
        yText = String.Format("Y Axis: {0:F3}G", accel.Y);
        zText = String.Format("Z Axis: {0:F3}G", accel.Z);
        AccelerometerXTemp = accel.X;
        AccelerometerYTemp = accel.Y;
        AccelerometerZTemp = accel.Z;
        statusText = "Status: Running";
        //dataTransmitter(accel);
    }
    catch (Exception ex)
    {
        xText = "X Axis: Error";
        yText = "Y Axis: Error";
```

```
        zText = "Z Axis: Error";
        statusText = "Failed to read from Accelerometer: " + ex.Message;
    }
```

6. 添加 dataTransmitterTick 事件

在 MainPage 的构造函数中，加速度传感器初始化以后，加入定时器的定时溢出处理函数，其中，定时的时间间隔可以通过 TimeSpan.FromMilliseconds(Convert.ToInt32(2000)) 进行修改，参数 2000 表示 2000 毫秒。

```
public MainPage()
{
    this.InitializeComponent();
    /* 程序退出之前,调用 unload 方法来释放资源 */
    Unloaded += MainPage_Unloaded;
    /* 初始化 I2C 总线、加速度传感器和定时器 */
    InitAccel();
    timerDataTransfer = ThreadPoolTimer.CreatePeriodicTimer(dataTransmitterTick, TimeSpan.FromMilliseconds(Convert.ToInt32(2000)));
}
```

12.3.4 部署与调试

在 Debug 中设置 Windows 10 IoT Core 设备的 IP 地址，本例中使用了 Minnowboard MAX，IP 地址为 192.168.0.102，如图 12-11 所示。

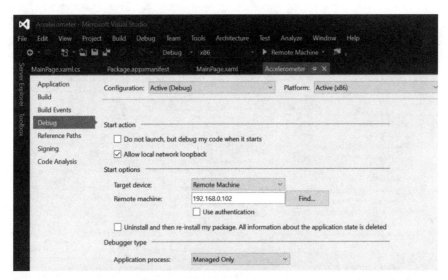

图 12-11 工程调试设置

接下来，在 Visual Studio 中按 F5 键部署并启动 Accelerometer 应用。如果硬件连接正确，应该会看到加速计数据显示在屏幕上，如图 12-12 所示。

Windows IoT 应用开发指南

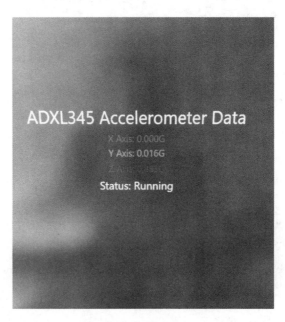

图 12-12　程序运行界面

同时，该数据也会间隔 2 秒发送到 Azure Storage Table 中，可以通过 Azure Storage Explorer 工具查看，如图 12-13 所示。

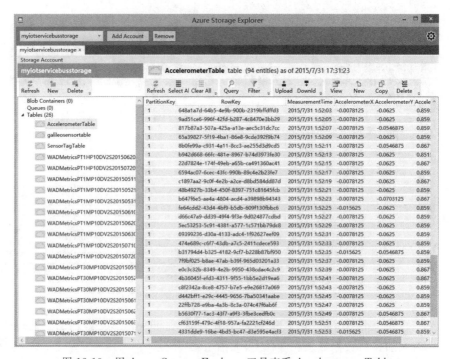

图 12-13　用 Azure Storage Explorer 工具查看 AccelerometerTable

12.4 Windows 10 for Mobile/PC 端通用应用开发

12.4.1 实例功能

本实例将利用 Visual Studio 2015 RTM 和 Visual Studio Universal Windows App Development Tools 完成面向 Windows 10 for Mobile/PC 的应用开发，实现从 Azure Storage 获取数据并显示的功能。

12.4.2 程序设计

1. 新建工程

首先，打开 Visual Studio，新建工程，选择模板（即依次展开"Temples→Visual C♯→Universal"节点，再选中 Blank App），工程名设为 WindowsUniversalClient，如图 12-14 所示。

图 12-14　新建工程模板

2. 添加程序包

为了能够获取 Azure Storage 中的数据，需要添加一些 Nuget 包来辅助和简化程序代码。需要添加的程序包可以使用 Visual Studio 自带的 NuGet Package Manager 工具来下载，工程的 project.json 文件如下，其中下划线部分即为需要下载和添加的数据包：

```json
{
  "dependencies": {
    "Microsoft.ApplicationInsights": "1.0.0",
    "Microsoft.ApplicationInsights.PersistenceChannel": "1.0.0",
    "Microsoft.ApplicationInsights.WindowsApps": "1.0.0",
    "Microsoft.Data.Edm": "5.6.5-beta",
    "Microsoft.Data.OData": "5.6.5-beta",
    "Microsoft.Data.Services.Client": "5.6.5-beta",
    "Microsoft.NETCore.UniversalWindowsPlatform": "5.0.0",
    "Newtonsoft.Json": "7.0.1",
    "WindowsAzure.Storage": "5.0.1-preview"
  },
  "frameworks": {
    "uap10.0": {}
  },
  "runtimes": {
    "win10-arm": {},
    "win10-arm-aot": {},
    "win10-x86": {},
    "win10-x86-aot": {},
    "win10-x64": {},
    "win10-x64-aot": {}
  }
}
```

至于具体的添加和安装方法,可以参考 12.3.3 节,其中有详细介绍。

3. 添加 Azure Storage 操作文件

为了与 Azure Storage 进行操作,要新建一个 StorageSensor.cs 文件,并添加相关的代码。首先,在项目上单击鼠标右键,在弹出菜单中选择"Add→Class"命令,如图 12-15 所示。

在弹出的菜单中选择 Class,输入文件的名称 StorageSensor.cs,如图 12-16 所示。

在新建的文件起始处,除原来默认生成的命名空间引用以外,添加如下对 Azure Storage 操作的引用:

```
using Microsoft.WindowsAzure;
using Microsoft.WindowsAzure.Storage;
using Microsoft.WindowsAzure.Storage.Auth;
using Microsoft.WindowsAzure.Storage.Table;
```

之后,在 Namespace 中添加如下代码:

```
public class SensorAccess
{
    public class SensorData : TableEntity
    {
        public DateTime DATE_TIME { get; set; }
```

第12章 综合应用开发

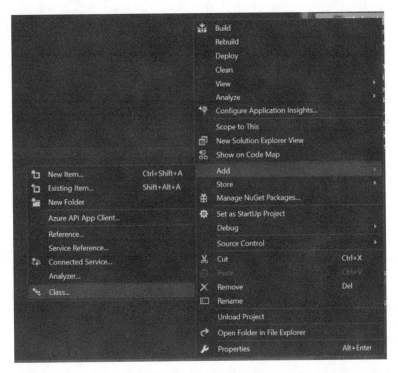

图 12-15 工程添加类文件

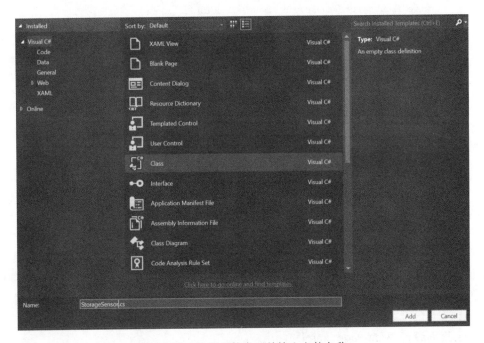

图 12-16 选择文件类型并输入文件名称

```csharp
        public Double ACCEL_X { get; set; }
        public Double ACCEL_Y { get; set; }
        public Double ACCEL_Z { get; set; }
        public Double GYRO_X { get; set; }
        public Double GYRO_Y { get; set; }
        public Double GYRO_Z { get; set; }
        public Double MAG_X { get; set; }
        public Double MAG_Y { get; set; }
        public Double MAG_Z { get; set; }
        public Double ALTITUDE { get; set; }
        public Double PRESSURE { get; set; }
        public Double TEMPERATURE { get; set; }
    }

    private string _accountName = "";        //在此处添加 azure storage account 账户
    private string _key = "";     //在此处添加 azure storage account 账户的 primary access key
    private StorageCredentials credentials;
    private CloudStorageAccount storageAccount;
    private CloudTableClient tableClient;
    private CloudTable table;
    public SensorAccess()
    {
        credentials = new StorageCredentials(_accountName, _key);
        storageAccount = new CloudStorageAccount(credentials, true);
        tableClient = storageAccount.CreateCloudTableClient();
        table = tableClient.GetTableReference("galileosensortable");
    }
    public async Task<SensorData> ReceiveData()
    {
        TableOperation retrieveSensorData = TableOperation.Retrieve<SensorData>("latest", "latest");
        // 执行数据获取操作
        TableResult retrievedResult = await table.ExecuteAsync(retrieveSensorData);
        return (SensorData)retrievedResult.Result;
    }
}
```

上述代码主要完成了 SensorAccess 类的设计,注意以下几点:

(1) SensorData 类继承自 TableEntity,即 Azure Storage 中存储的记录的基类。

(2) 在 _accountName 和 _key 这两个私有字段的声明处添加 11.4 节中设置好的 Storage Account 的 Name 和 Key。

(3) 在 GetTableReference 方法中,输入 11.4 节中新建的 Table 名称,此处为 galileosensortable。

4. 主页面设计(MainPage.xaml)

在解决方案浏览器中打开主页面设计文件 MainPage.xaml,然后为其根节点添加如下代码：

```xml
<Grid Background = "{ThemeResource ApplicationPageBackgroundThemeBrush}">
    <Grid.RowDefinitions>
        <RowDefinition Height = "Auto"/>
        <RowDefinition Height = "*"/>
    </Grid.RowDefinitions>

    <!-- TitlePanel contains the name of the application and page title -->
    <StackPanel x:Name = "TitlePanel" Grid.Row = "0" Margin = "12,17,0,28" d:IsLocked = "True">
        <TextBlock x:Name = "Receiver" Style = "{StaticResource CaptionTextBlockStyle}" Margin = "12,0" Text = "Receiver" Foreground = "#FF16AA07" d:IsLocked = "True"/>
        <TextBlock x:Name = "Sensor_Monitor" Text = "Sensor Monitor" Margin = "9,-7,0,0" Style = "{StaticResource TitleTextBlockStyle}" FontSize = "50" Foreground = "#FFEC524B" d:IsLocked = "True"/>
    </StackPanel>

    <!-- ContentPanel - place additional content here -->
    <Grid x:Name = "ContentPanel" Grid.Row = "1" Margin = "12,0,12,0" d:IsLocked = "True">
        <TextBlock x:Name = "Accel_x_axis" HorizontalAlignment = "Left" Margin = "22,31,0,0" TextWrapping = "Wrap" VerticalAlignment = "Top" Height = "43" Width = "78" FontSize = "26.667" d:IsLocked = "True">
            <Run Text = "X"/>
            <Run Text = " "/>
            <Run Text = ":"/>
        </TextBlock>
        <TextBlock x:Name = "Accel_y_axis" HorizontalAlignment = "Left" Margin = "22,65,0,0" TextWrapping = "Wrap" VerticalAlignment = "Top" Height = "43" Width = "78" FontSize = "26.667" d:IsLocked = "True">
            <Run Text = "Y"/>
            <Run Text = " :"/>
        </TextBlock>
        <TextBlock x:Name = "Accel_z_axis" HorizontalAlignment = "Left" Margin = "22,97,0,0" TextWrapping = "Wrap" VerticalAlignment = "Top" Height = "43" Width = "78" FontSize = "26.667" d:IsLocked = "True">
            <Run Text = "Z"/>
            <Run Text = " :"/>
        </TextBlock>
        <TextBlock x:Name = "Gyro_x_axis" HorizontalAlignment = "Left" Margin = "22,159,0,0" TextWrapping = "Wrap" VerticalAlignment = "Top" Height = "43" Width = "78" FontSize = "26.667" d:IsLocked = "True">
            <Run Text = "X"/>
            <Run Text = " :"/>
        </TextBlock>
        <TextBlock x:Name = "Gyro_y_axis" HorizontalAlignment = "Left" Margin = "22,191,0,0" TextWrapping = "Wrap" VerticalAlignment = "Top" Height = "43" Width = "78" FontSize = "26.667" d:IsLocked = "True">
```

```xml
            <Run Text = "Y"/>
            <Run Text = " :"/>
        </TextBlock>
        <TextBlock x:Name = "Gyro_z_axis" HorizontalAlignment = "Left" Margin = "22,223,0,0" TextWrapping = "Wrap" VerticalAlignment = "Top" Height = "43" Width = "78" FontSize = "26.667" Text = "Z :" d:IsLocked = "True"/>
        <TextBlock x:Name = "Mag_x_axis" HorizontalAlignment = "Left" Margin = "24,281,0,0" TextWrapping = "Wrap" VerticalAlignment = "Top" Height = "43" Width = "76" FontSize = "26.667" Text = "X :" d:IsLocked = "True"/>
        <TextBlock x:Name = "Mag_y_axis" HorizontalAlignment = "Left" Margin = "24,309,0,0" TextWrapping = "Wrap" VerticalAlignment = "Top" Height = "43" Width = "76" FontSize = "26.667" d:IsLocked = "True">
            <Run Text = "Y"/>
            <Run Text = " :"/>
        </TextBlock>
        <TextBlock x:Name = "Mag_z_axis" HorizontalAlignment = "Left" Margin = "24,339,0,0" TextWrapping = "Wrap" VerticalAlignment = "Top" Height = "43" Width = "76" FontSize = "26.667" d:IsLocked = "True">
            <Run Text = "Z"/>
            <Run Text = " :"/>
        </TextBlock>
        <TextBlock x:Name = "Pressure" HorizontalAlignment = "Left" Margin = "2,379,0,0" TextWrapping = "Wrap" VerticalAlignment = "Top" Height = "43" Width = "205" FontSize = "26.667" FontWeight = "Bold" Foreground = "#FFFF00E8" d:IsLocked = "True">
            <Run Text = "Pressure"/>
            <Run Text = " (hPa)"/>
        </TextBlock>
        <TextBlock x:Name = "Temperature" HorizontalAlignment = "Left" Margin = "2,415,0,0" TextWrapping = "Wrap" VerticalAlignment = "Top" Height = "43" Width = "217" FontSize = "26.667" FontWeight = "Bold" Foreground = "#FFFF00E8" d:IsLocked = "True">
            <Run Text = "Temperature"/>
            <Run Text = " (C)"/>
        </TextBlock>
        <TextBlock x:Name = "Altitude" HorizontalAlignment = "Left" Margin = "4,451,0,0" TextWrapping = "Wrap" VerticalAlignment = "Top" Height = "43" Width = "203" FontSize = "26.667" FontWeight = "Bold" Foreground = "#FFFF00E8" d:IsLocked = "True">
            <Run Text = "Altitude"/>
            <Run Text = " (m)"/>
        </TextBlock>
        <TextBlock x:Name = "Date_Time" HorizontalAlignment = "Left" Margin = "4,487,0,0" TextWrapping = "Wrap" VerticalAlignment = "Top" Height = "43" Width = "158" FontSize = "26.667" Text = "Date Time" FontWeight = "Bold" Foreground = "#FFFF00E8" d:IsLocked = "True"/>
        <TextBlock x:Name = "Mag_Title" HorizontalAlignment = "Left" Margin = "2,251,0,0" TextWrapping = "Wrap" VerticalAlignment = "Top" Height = "43" Width = "276" FontSize = "26.667" FontWeight = "Bold" Foreground = "#FFFF00E8" d:IsLocked = "True">
            <Run Text = "Magnetometer"/>
            <Run Text = " (uT)"/>
```

```xml
            </TextBlock>
            <TextBlock x:Name="Gyro_Title" HorizontalAlignment="Left" Margin="2,129,0,0" TextWrapping="Wrap" VerticalAlignment="Top" Height="43" Width="276" FontSize="26.667" FontWeight="Bold" Foreground="#FFFF00E8" d:IsLocked="True">
                <Run Text="Gyroscope"/>
                <Run Text=" (rad/s)"/>
            </TextBlock>
            <TextBlock x:Name="Accel_Title" HorizontalAlignment="Left" Margin="2,1,0,0" TextWrapping="Wrap" VerticalAlignment="Top" Height="43" Width="326" FontSize="26.667" FontWeight="Bold" Foreground="#FFFF00E8" d:IsLocked="True">
                <Run Text="Accelerometer" Foreground="#FFFF00E8"/>
                <Run Text=" (m/s^2)"/>
            </TextBlock>
            <TextBlock x:Name="Accel_x_text" HorizontalAlignment="Left" Margin="80,29,0,0" TextWrapping="Wrap" VerticalAlignment="Top" Height="43" Width="86" FontSize="26.667" d:IsLocked="True"/>
            <TextBlock x:Name="Accel_y_text" HorizontalAlignment="Left" Margin="80,65,0,0" TextWrapping="Wrap" VerticalAlignment="Top" Height="43" Width="86" FontSize="26.667" d:IsLocked="True"/>
            <TextBlock x:Name="Accel_z_text" HorizontalAlignment="Left" Margin="80,97,0,0" TextWrapping="Wrap" VerticalAlignment="Top" Height="43" Width="86" FontSize="26.667" d:IsLocked="True"/>
            <TextBlock x:Name="Gyro_x_text" HorizontalAlignment="Left" Margin="80,159,0,0" TextWrapping="Wrap" VerticalAlignment="Top" Height="43" Width="86" FontSize="26.667" d:IsLocked="True"/>
            <TextBlock x:Name="Gyro_y_text" HorizontalAlignment="Left" Margin="80,193,0,0" TextWrapping="Wrap" VerticalAlignment="Top" Height="43" Width="86" FontSize="26.667" d:IsLocked="True"/>
            <TextBlock x:Name="Gyro_z_text" HorizontalAlignment="Left" Margin="80,223,0,0" TextWrapping="Wrap" VerticalAlignment="Top" Height="43" Width="86" FontSize="26.667" d:IsLocked="True"/>
            <TextBlock x:Name="Mag_x_text" HorizontalAlignment="Left" Margin="80,281,0,0" TextWrapping="Wrap" VerticalAlignment="Top" Height="43" Width="86" FontSize="26.667" d:IsLocked="True"/>
            <TextBlock x:Name="Mag_y_text" HorizontalAlignment="Left" Margin="80,311,0,0" TextWrapping="Wrap" VerticalAlignment="Top" Height="43" Width="86" FontSize="26.667" d:IsLocked="True"/>
            <TextBlock x:Name="Mag_z_text" HorizontalAlignment="Left" Margin="80,337,0,0" TextWrapping="Wrap" VerticalAlignment="Top" Height="43" Width="86" FontSize="26.667" d:IsLocked="True"/>
            <TextBlock x:Name="Pressure_text" HorizontalAlignment="Left" Margin="224,379,0,0" TextWrapping="Wrap" VerticalAlignment="Top" Height="43" Width="86" FontSize="26.667" d:IsLocked="True"/>
            <TextBlock x:Name="Temperature_text" HorizontalAlignment="Left" Margin="224,415,0,0" TextWrapping="Wrap" VerticalAlignment="Top" Height="43" Width="86" FontSize="26.667" d:IsLocked="True"/>
            <TextBlock x:Name="Altitude_text" HorizontalAlignment="Left" Margin="224,449,0,0"
```

```
            TextWrapping = "Wrap" VerticalAlignment = "Top" Height = "43" Width = "86" FontSize = "26.667"
d:IsLocked = "True"/>
            <TextBlock x:Name = "Date_time_text" HorizontalAlignment = "Left" Margin = "185,487,0,0"
TextWrapping = "Wrap" VerticalAlignment = "Top" Height = "43" Width = "261" FontSize = "26.667"
d:IsLocked = "True"/>
        </Grid>
        <Button x:Name = "Receive" Content = "Receive" HorizontalAlignment = "Left" VerticalAlignment
 = "Top" Margin = "176,525,0,0" Grid.Row = "1" Click = "Receive_Click" Background = " #
FF51C11C" d:IsLocked = "True"/>
</Grid>
```

上述页面设计效果为：往页面的第一个 Grid 中添加了所有对应的传感器的名称和数据，在页面的第二个 Grid 中添加了一个 Button，用于用户控制操作。

5. 主页面后台代码设计（MainPage.xaml.cs）

在文件 MainPage.xaml.cs 的起始处，除了原来的命名空间引用以外，还要加入如下引用。

```
using System.Threading;
using System.Threading.Tasks;
```

接着，在 MainPage 中添加私有成员如下：

```
private SensorAccess Sensdata;
private SensorAccess.SensorData RetrieveData;
private int queryInterval = 2;              //查询间隔为 2s
```

其中，queryInterval 是查询的时间间隔，这里设置为两秒，用户可以自行设置。

然后，在 MainPage 的构造函数中添加 Sensdata 的初始化，其代码片段如下：

```
public MainPage()
{
    Sensdata = new SensorAccess();
    InitializeComponent();
}
```

之后，为 Receive 按钮添加用户单击事件处理函数，其代码片段如下：

```
private void Receive_Click(object sender, RoutedEventArgs e)
{
    StartMonitoring();
    Receive.IsEnabled = false;
}
```

其中，StartMonitoring 定义如下：

```
private async void StartMonitoring()
{
    while (true)
```

```
        {
            await ShowData();
            await System.Threading.Tasks.Task.Delay(TimeSpan.FromSeconds(queryInterval));
        }
    }
```

而其中使用的 ShowData 方法定义如下：

```
private async Task<Boolean> ShowData()
{
    RetrieveData = await Sensdata.ReceiveData();
    if (RetrieveData != null)
    {
        Accel_x_text.Text = RetrieveData.ACCEL_X.ToString();
        Accel_y_text.Text = RetrieveData.ACCEL_Y.ToString();
        Accel_z_text.Text = RetrieveData.ACCEL_Z.ToString();
        Gyro_x_text.Text = RetrieveData.GYRO_X.ToString();
        Gyro_y_text.Text = RetrieveData.GYRO_Y.ToString();
        Gyro_z_text.Text = RetrieveData.GYRO_Z.ToString();
        Mag_x_text.Text = RetrieveData.MAG_X.ToString();
        Mag_y_text.Text = RetrieveData.MAG_Y.ToString();
        Mag_z_text.Text = RetrieveData.MAG_Z.ToString();
        Pressure_text.Text = RetrieveData.PRESSURE.ToString();
        Temperature_text.Text = RetrieveData.TEMPERATURE.ToString();
        Altitude_text.Text = RetrieveData.ALTITUDE.ToString();
        Date_time_text.Text = RetrieveData.DATE_TIME.ToString();
    }
    return true;
}
```

该方法主要用于从 Azure Storage Table 中获取数据，并且显示在应用程序的界面上。

12.4.3 部署与调试

由于本应用程序是 Universal 的应用，因此既可以运行在 PC 上，也可以运行在手机和 IoT 设备上，下面就以 PC 和手机为例，描述其部署与运行的过程。

1. PC 端的部署与调试

笔者使用的是 Windows 10 Pro for PC RTM 64 位版本，编译时选择 x64 和 Local Machine，如图 12-17 所示。

其运行的截图如图 12-18 所示，当用户单击 Receive 按钮时，数据就会显示在界面上。

2. 手机端的部署与调试

笔者使用的设备是 Lumia 1520，系统版本是 Windows 10 for Mobile Technical Preview 10512，编译时选择 ARM 和 Device，并使用 USB 连接手机，使手机处于屏幕解锁状态，如图 12-19 所示。

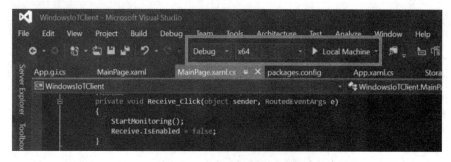

图 12-17　PC 设备的调试设置

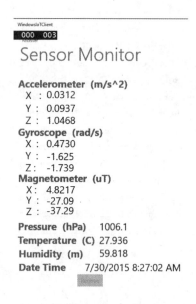

图 12-18　PC 设备应用运行界面

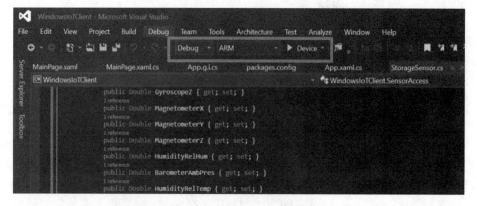

图 12-19　手机设备的调试设置

其运行的截图如图 12-20 所示，当用户单击 Receive 按钮时，数据就会显示在界面上。

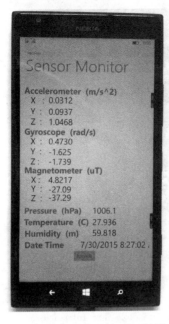

图 12-20　手机设备的应用运行界面

12.5　动手练习

1. 参考 4.3 节和 12.2 节的内容，在温度数据的基础上，添加火焰传感器的数据，封装进 AMQP 数据表中，上传到 EventHub。

2. 参考第 10 章和 12.3 节的内容，在第 11 章动手练习 2 的基础上，完成 SensorTag 数据通过 Windows 10 IoT Core 设备上传到 Azure Storage Table 的功能。

3. 参考 12.4 节的内容，在动手练习 1 完成的基础上，在 UI 上添加火焰传感器数据显示的 TextBox 控件，在后台获取 Azure Storage Table 数据并对该控件的内容进行更新。

参考链接

[1]　http://www.netmf.com/
[2]　http://www.netduino.com/
[3]　https://netmf.taobao.com/
[4]　https://galileoeventhub.codeplex.com/

附录 A Windows 10 IoT Core 尚未支持的 Universal API

目前,Windows 10 IoT Core 正处于不断地完善中,官方给出的尚未支持的 Universal API 列表如下,提醒通用应用的开发者[1]。

Windows.ApplicationModel.Appointments.Appointment
Windows.ApplicationModel.Appointments.AppointmentInvitee
Windows.ApplicationModel.Appointments.AppointmentManager
Windows.ApplicationModel.Appointments.AppointmentOrganizer
Windows.ApplicationModel.Appointments.AppointmentProperties
Windows.ApplicationModel.Appointments.AppointmentRecurrence
Windows.ApplicationModel.Appointments.AppointmentsProvider.AppointmentsProviderLaunchActionVerbs
Windows.ApplicationModel.Appointments.FindAppointmentsOptions
Windows.ApplicationModel.Background.AlarmApplicationManager
Windows.ApplicationModel.Background.AppointmentStoreNotificationTrigger
Windows.ApplicationModel.Background.CachedFileUpdaterTrigger
Windows.ApplicationModel.Background.ChatMessageNotificationTrigger
Windows.ApplicationModel.Background.CommunicationBlockingAppSetAsActiveTrigger
Windows.ApplicationModel.Background.ContactStoreNotificationTrigger
Windows.ApplicationModel.Background.EmailStoreNotificationTrigger
Windows.ApplicationModel.Background.NetworkOperatorHotspotAuthenticationTrigger
Windows.ApplicationModel.Background.PhoneTrigger
Windows.ApplicationModel.Background.PushNotificationTrigger
Windows.ApplicationModel.Background.ToastNotificationActionTrigger
Windows.ApplicationModel.Background.ToastNotificationHistoryChangedTrigger
Windows.ApplicationModel.Calls.PhoneCallHistoryEntry
Windows.ApplicationModel.Calls.PhoneCallHistoryEntryAddress
Windows.ApplicationModel.Calls.PhoneCallHistoryEntryQueryOptions
Windows.ApplicationModel.Calls.PhoneCallHistoryManager
Windows.ApplicationModel.Calls.PhoneCallManager
Windows.ApplicationModel.Calls.PhoneDialOptions
Windows.ApplicationModel.Calls.PhoneLine
Windows.ApplicationModel.Calls.VideoCapabilitiesManager
Windows.ApplicationModel.Chat.ChatCapabilitiesManager
Windows.ApplicationModel.Chat.ChatConversationThreadingInfo

附录A Windows 10 IoT Core尚未支持的Universal API

```
Windows.ApplicationModel.Chat.ChatMessage
Windows.ApplicationModel.Chat.ChatMessageAttachment
Windows.ApplicationModel.Chat.ChatMessageManager
Windows.ApplicationModel.Chat.ChatQueryOptions
Windows.ApplicationModel.Chat.ChatRecipientDeliveryInfo
Windows.ApplicationModel.Chat.RcsManager
Windows.ApplicationModel.CommunicationBlocking.CommunicationBlockingAccessManager
Windows.ApplicationModel.CommunicationBlocking.CommunicationBlockingAppManager
Windows.ApplicationModel.Contacts.Contact
Windows.ApplicationModel.Contacts.ContactAddress
Windows.ApplicationModel.Contacts.ContactAnnotation
Windows.ApplicationModel.Contacts.ContactCardOptions
Windows.ApplicationModel.Contacts.ContactConnectedServiceAccount
Windows.ApplicationModel.Contacts.ContactDate
Windows.ApplicationModel.Contacts.ContactEmail
Windows.ApplicationModel.Contacts.ContactField
Windows.ApplicationModel.Contacts.ContactFieldFactory
Windows.ApplicationModel.Contacts.ContactInstantMessageField
Windows.ApplicationModel.Contacts.ContactJobInfo
Windows.ApplicationModel.Contacts.ContactLaunchActionVerbs
Windows.ApplicationModel.Contacts.ContactLocationField
Windows.ApplicationModel.Contacts.ContactManager
Windows.ApplicationModel.Contacts.ContactPhone
Windows.ApplicationModel.Contacts.ContactPicker
Windows.ApplicationModel.Contacts.ContactQueryOptions
Windows.ApplicationModel.Contacts.ContactSignificantOther
Windows.ApplicationModel.Contacts.ContactWebsite
Windows.ApplicationModel.Contacts.FullContactCardOptions
Windows.ApplicationModel.Contacts.KnownContactField
Windows.ApplicationModel.Core.HolographicApplication
Windows.ApplicationModel.Email.EmailAttachment
Windows.ApplicationModel.Email.EmailFetchOptions
Windows.ApplicationModel.Email.EmailIrmTemplate
Windows.ApplicationModel.Email.EmailMailboxAutoReplySettings
Windows.ApplicationModel.Email.EmailManager
Windows.ApplicationModel.Email.EmailMeetingInfo
Windows.ApplicationModel.Email.EmailMessage
Windows.ApplicationModel.Email.EmailRecipient
Windows.ApplicationModel.Search.Core.SearchSuggestionManager
Windows.ApplicationModel.Search.LocalContentSuggestionSettings
Windows.ApplicationModel.Search.SearchQueryLinguisticDetails
Windows.ApplicationModel.Sync.Office365SyncConfiguration
Windows.ApplicationModel.UserDataAccounts.UserDataAccountManager
Windows.Devices.Bluetooth.GenericAttributeProfile.GattPresentationFormatTypes
Windows.Devices.Enumeration.DevicePicker
Windows.Devices.Printers.Print3DDevice
Windows.Graphics.Display.StereoHeadMountedDisplay
```

```
Windows.Graphics.Holographic.HolographicSpace
Windows.Graphics.Printing.Print3DManager
Windows.Graphics.Printing.Print3DModelPackage
Windows.Management.Deployment.PackageVolume
Windows.Media.Casting.CastingDevicePicker
Windows.Media.ContentRestrictions.RatedContentDescription
Windows.Media.ContentRestrictions.RatedContentRestrictions
Windows.Media.ContentRestrictions.RatedContentRestrictionsImpl
Windows.Media.DialProtocol.DialDevicePicker
Windows.Media.MixedRealityCapture.MixedRealityCaptureAudioEffectDefinition
Windows.Media.MixedRealityCapture.MixedRealityCaptureVideoEffectDefinition
Windows.Media.Playback.BackgroundMediaPlayer
Windows.Media.Playback.PlaybackMediaMarker
Windows.Media.Playback.PlaybackMediaMarkerSequence
Windows.Media.Protection.ComponentRenewal
Windows.Media.Protection.PlayReady.PlayReadyDomainJoinServiceRequest
Windows.Media.Protection.PlayReady.PlayReadyDomainLeaveServiceRequest
Windows.Media.Protection.PlayReady.PlayReadyLicenseAcquisitionServiceRequest
Windows.Media.Protection.PlayReady.PlayReadyMeteringReportServiceRequest
Windows.Media.Protection.PlayReady.PlayReadyRevocationServiceRequest
Windows.Media.Protection.PlayReady.PlayReadySoapMessage
Windows.Media.SpeechRecognition.SpeechRecognizer
Windows.Media.SystemMediaTransportControls
Windows.Networking.NetworkOperators.HotspotAuthenticationContext
Windows.Networking.NetworkOperators.MobileBroadbandAccountWatcher
Windows.Networking.NetworkOperators.ProvisioningAgent
Windows.Networking.NetworkOperators.WellKnownCSimFilePaths
Windows.Networking.NetworkOperators.WellKnownRuimFilePaths
Windows.Networking.NetworkOperators.WellKnownSimFilePaths
Windows.Networking.NetworkOperators.WellKnownUSimFilePaths
Windows.Networking.Vpn.VpnProfile
Windows.Security.Credentials.UI.CredentialPicker
Windows.Security.Credentials.UI.CredentialPickerOptions
Windows.Security.Credentials.UI.UserConsentVerifier
Windows.Security.EnterpriseData.DataProtectionManager
Windows.Security.EnterpriseData.FileProtectionManager
Windows.Security.EnterpriseData.FileRevocationManager
Windows.Security.EnterpriseData.ProtectionPolicyManager
Windows.Services.Maps.Guidance.GuidanceEngine
Windows.Services.Maps.Guidance.MapSensor
Windows.Services.Maps.Guidance.Traffic
Windows.Storage.Pickers.FileOpenPicker
Windows.Storage.Pickers.FileSavePicker
Windows.Storage.Pickers.FolderPicker
Windows.System.Energy.BackgroundEnergyManager
Windows.System.Energy.Diagnostics.BackgroundEnergyDiagnostics
Windows.System.Energy.Diagnostics.ForegroundEnergyDiagnostics
```

附录A　Windows 10 IoT Core尚未支持的Universal API

```
Windows.System.Energy.ForegroundEnergyManager
Windows.System.Profile.HardwareIdentification
Windows.System.Profile.KnownRetailInfoProperties
Windows.System.Profile.RetailInfo
Windows.System.Profile.SystemManufacturers.SmbiosInformation
Windows.System.UserProfile.AdvertisingManager
Windows.UI.Composition.Compositor
Windows.UI.Core.CoreInput
Windows.UI.Core.CoreWindowDialog
Windows.UI.Core.CoreWindowFlyout
Windows.UI.Input.Inking.InkManager
Windows.UI.Input.Inking.InkRecognizerContainer
Windows.UI.Popups.MessageDialog
Windows.UI.Xaml.Controls.ListPickerFlyout
Windows.UI.Xaml.Controls.Primitives.JumpListItemBackgroundConverter
Windows.UI.Xaml.Controls.Primitives.JumpListItemForegroundConverter
```

参考链接

[1]　http://ms-iot.github.io/content/en-US/win10/UnavailableApis.htm

附录 B Raspberry Pi 2 扩展引脚图

在 Windows 10 IoT Core 中，微软官方[1]给出的 Raspberry Pi 2 扩展引脚如图。

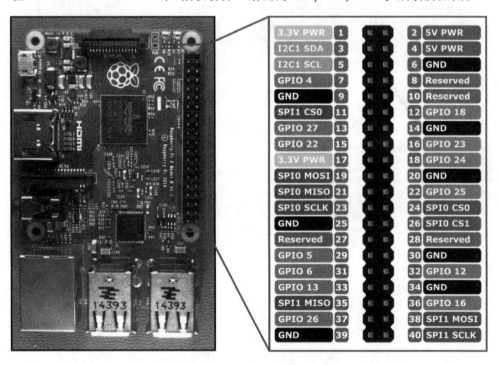

图 B1　Raspberry Pi 2 扩展引脚

该 40 针的外扩接口包含了 13 个 GPIO 引脚、一个 I2C 总线、两个 SPI 总线、两个 3.3V 电源引脚、两个 5V 电源引脚和 8 个接地引脚。另外 4 个引脚的功能保留，用户不可用。

参考链接

[1] http://ms-iot.github.io/content/en-US/win10/samples/PinMappingsRPi2.htm

附录 C MinnowBoard Max 扩展引脚图

在 Windows 10 IoT Core 中，微软官方[1]给出的 MinnowBoard Max 扩展引脚如图 C1 所示。

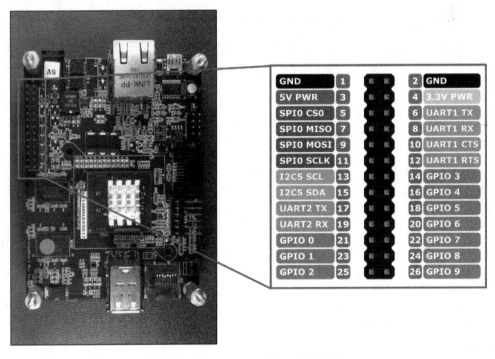

图 C1 MinnowBoard Max 扩展引脚

该 26 针的外扩接口包含了 10 个专用 GPIO 引脚、两个 UART 接口、一个 I2C 总线接口、一个 SPI 总线接口、一个 3.3V 电源引脚、一个 5V 电源引脚和两个接地引脚。

参考链接

[1]　http://ms-iot.github.io/content/en-US/win10/samples/PinMappingsMBM.htm

附录 D Windows 10 IoT Core 设备支持的外设列表

目前，Windows 10 IoT Core 设备支持的外设如表 D1 所示，尚处于不断扩充状态，最新的列表，请读者查看参考链接[1]。

表 D1 Windows 10 IoT Core 设备支持的外设

接口	Raspberry Pi 2	MinnowBoard Max	已验证的设备
AllJoyn	支持	支持	Aeon Labs DSA02203-ZWUS Z-Wave Z-Stick Series 2 USB Dongle
			Aeon Labs DSC24-ZWUS Smart Switch Z-Wave Appliance Module
音频（模拟）	支持（板载 3.5 mm 耳机接口）	不支持	Rpi2 3.5 mm TRRS Audio/Video Jack
音频（数字）	不支持	支持（通过 HDMI）	
音频（USB）	支持（使用 USB 适配器）	支持（使用 USB 适配器）	Sabrent USB External Stereo Sound Adapter, Model AU-EMAC1
蓝牙 v4.0	支持（使用 USB 蓝牙适配器）	支持（使用 USB 蓝牙适配器）	Mini USB Bluetooth CSR V4.0 Adapter
			ORICO BTA-403 Mini Bluetooth 4.0 USB Dongle
			Mini Bluetooth Keyboard with Built-in Touchpad, Model: IS11-BT05
以太网	支持(10/100 Mbps)	支持（10/100/1000 Mbps)	
GPIO	13 个 GPIO	10 个 GPIO	
HDMI	支持	支持（micro HDMI)	
I2C	支持	支持	Sparkfun ADXL345 accelerometer board
			MCP23008 8-bit I/O Port Expander
Micro SD（SDIO）	支持	支持	Universal Media Reader F4U003
SPI	2 个 SPI	1 个 SPI	Sparkfun ADXL345 accelerometer board
			Monochrome 1.3" 128x64 OLED graphic display

续表

接口	Raspberry Pi 2	MinnowBoard Max	已验证的设备
UART(板载)	无	2个	USB-to-TTL Adapter
UART(USB)	支持(通过USB适配器)	支持(通过USB适配器)	USB-to-TTL Adapter
			Arduino Leonardo
USB	4个USB 2.0 (host)	1个USB 2.0 (host)，1个USB 3.0 (host)	Sabrent USB 2.0 Floppy Disk Drive
			Perixx Peripad-201 Plus Slim USB Keyboard
			Perixx Peripad-501 Professional Touchpad
			Microsoft LifeCam HD-3000
WiFi	支持(通过USB适配器)	支持(通过USB适配器)	External USB WiFi Adapters
HID			Rii Mini Wireless Keyboard，Model：RT-MWK01
			Xbox-360 controller (wired)
			Xbox-360 controller (wireless)

注意：目前由于技术原因，Xbox-360 controller 尚不能正常工作。

参考链接

[1] http://ms-iot.github.io/content/en-US/win10/SupportedInterfaces.htm